AF312198

LA CHASSE

ET

LES COMMUNES

LA CHASSE

ET

LES COMMUNES

ÉTUDES SUR DIVERSES MODIFICATIONS A INTRODUIRE

DANS LA LÉGISLATION CYNÉGÉTIQUE

PAR

L. PRIOUX.

DEUXIÈME ÉDITION

ENTIÈREMENT REFONDUE

PRIX : 3 Fr

PARIS

AU BUREAU DU JOURNAL

LA CHASSE ILLUSTRÉE

56, RUE JACOB.

CAMBRAI

SIMON, ÉDITEUR

RUE ST-MARTIN, 18

« Quand elle est trop active ou trop facile,
« la chasse devient un mal ; elle ne décime
« pas seulement les animaux qu'elle poursuit,
« elle tend à leur entière destruction. »

Eug. GAYOT : *Le Chien*, page 267. — Paris, 1867 :
F. DIDOT.

INTRODUCTION

*La loi de 1844 est devenue insuffisante ;
c'est une vérité reconnue par tous : non-
seulement par les chasseurs, mais aussi par
les économistes, qui voient dans la conservation
et la multiplication du gibier une précieuse
ressource alimentaire pour notre pays. Il est
évident aujourd'hui pour tout le monde que, à
part certaines régions privilégiées dans lesquelles il existe encore de belles réserves,
créées et gardées à grands frais, on voit le
gibier diminuer tellement, qu'il est permis
d'en prévoir, dans un temps trop rapproché*

malheureusement, la disparition absolue. Cet état de choses préoccupe les esprits depuis longtemps, et fait éclore une foule de projets très-divers qui, s'ils ne sont pas tous réalisables, resteront cependant comme pour témoigner des efforts tentés de toutes parts pour arriver à modifier la législation en matière de chasse, et comme la meilleure preuve de la nécessité de ces modifications. A mon tour, je veux apporter mon concours à ce monument nouveau qu'il s'agit d'édifier. Je n'ose prétendre avoir trouvé mieux que mes confrères en Saint-Hubert, mais peut-être, en combinant tous ces projets divers, parviendra-t-on à créer un jour une législation plus fertile en bons résultats que celle qui nous régit actuellement. Du reste, négligeant absolument les côtés de la question qui me sont inconnus, je ne parlerai pas de la chasse à courre, de la louveterie, etc. Je m'occuperai surtout de la chasse en plaine, mais les principes que nous poserons pour ce cas spécial s'appliqueront aussi bien aux forêts qu'aux champs cultivés.

LA CHASSE

ET

LES COMMUNES

—

« La loi qui a pour but de régler l'exercice du
« droit de chasse, touche à trois grands intérêts : la
« sécurité publique et la conservation des récoltes et
« du gibier. Il est évident que les intérêts généraux
« dominent en cette matière les intérêts privés, et
« commandent des interdictions et des entraves appli-
« cables aux propriétaires eux-mêmes. »

*(Rapport de M. Franck-Carré, à la Chambre des
Pairs, séance du 16 Mars 1843).*

Tout d'abord une question se présente à
l'esprit. Y a-t-il intérêt à ce que le législateur se préoccupe de réglementer l'exercice de
la chasse, ou doit-il au contraire laisser
chacun libre de détruire le gibier partout où
il le rencontrera ? Est-il indifférent qu'il y ait
ou qu'il n'y ait pas de gibier ?

Comme le disait M. Franck Carré à la Chambre des Pairs, la sécurité publique est grandement intéressée à ce que la chasse ne soit pas permise à tous, à ce que le braconnage soit interdit, parce qu'il ne faut pas que, sous prétexte de chasse, des malfaiteurs puissent courir la campagne, armés jusqu'aux dents. Il y a donc, à ce point de vue, un grand intérêt à ce qu'il y ait une bonne législation cynégétique.

Plaçons-nous maintenant à un autre point de vue, et nous verrons que le gibier entre dans l'alimentation publique pour une large part, et qu'il importe de ne pas laisser imprudemment tarir cette source de richesse. Le sol français fournit annuellement du gibier pour une somme de trente millions. (1) « Or, ce produit surpasse dès aujourd'hui les produits réunis de l'olivier, du houblon et du tabac ; il surpasse de trente pour cent les produits du mûrier ; et remarquons bien qu'il pourrait très facilement être quadruplé, ce qui amènerait une large augmentation de notre revenu et de

(1) *Le Journal des Économistes*, octobre 1860

nos moyens de subsistance. » (1) Il y a donc un intérêt public véritable à ce que la chasse soit réglementée, non-seulement de manière à empêcher le gibier de diminuer et peut-être de disparaitre entièrement, mais de manière à ce qu'il multiplie et augmente. Car le gibier produit actuellement par notre sol ne peut suffire aux demandes des consommateurs. L'Allemagne, après avoir fourni ses marchés, nous envoie son superflu ; et nous savons que les importations en France de gibier allemand sont au moins égales à la production française, (2) : Ce que nous pourrions éviter par une meilleure réglementation de la chasse. Il y a donc utilité à ce que la production de gibier augmente en France, afin que nous n'ayons plus besoin d'en demander à l'étranger.

Mais, si le gibier augmente, ne sera-ce pas au détriment de l'agriculture? C'est ce que nous allons examiner sommairement. Il est évident que le gibier ne doit point détruire les récoltes. Et si

(1) D'ESTERNO, *Comment le Roi s'amuse en France et la loi aussi*, p. 60. — Paris, 1870: GUILLAUMIN et Cᵉ.

(2) *Le Sport :* 1 décembre 1861.

certaines espèces peuvent être multipliées à l'infini puisqu'elles ne vivent que d'insectes nuisibles, il en est d'autres dont il faut modérer l'accroissement, sous peine de les voir porter un grave préjudice aux biens de la terre. C'est ainsi que, en Allemagne, on calcule que, dans les forêts, il faut s'arrêter à la proportion suivante : Un cerf et une biche sur deux hectares de superficie; un daim et une daine sur quatre hectares et demi; un chevreuil et une chevrette sur environ trois hectares. (1) Dans ces conditions, le bois ne souffrira pas; mais si le gibier se multipliait davantage, ce serait au grand détriment des forêts. En France, nous sommes loin de ces chiffres, car dans bien des départements, le grand gibier n'existe plus qu'à l'état de mythe.

Le sanglier doit être compté au nombre des animaux les plus nuisibles aux produits de la terre : il faut, sinon le faire disparaître entièrement, du moins en diminuer considérablement l'espèce. « Quand les moissons arrivent à maturité, les sangliers qui se sont rapprochés de la

---

(1) A. DU BREUIL : *Cours d'Arboriculture*, p. 330. — Paris, 1862. GARNIER frères

lisière des bois vont faire leurs mangeures dans les champs de blé. Il leur suffit de quelques instants pour dévaster une récolte, et détruire tout ce qui est à leur portée ; dans les vignes ils attaquent toutes les grappes. (1) Quand ils se sont mis en compagnie, ils retournent tous les jours aux mêmes lits qu'ils se sont ménagés dans les bois ; ils attendent le coucher du soleil pour se rendre dans les prés. Mais, pendant la nuit, ils vont aux champs, où ils s'occupent, avec une activité incroyable, à déterrer les pommes de terre, et à dévaster les blés. (2) » Aussi, lorsque des propriétaires de chasse ne détruisent point les sangliers, ils sont exposés à payer des dommages-intérêts considérables.

Le cerf, le chevreuil, le daim, comme nous l'avons dit, peuvent exister dans nos forêts sans grand dommage, si on n'en accroit pas le nombre au-delà des proportions raisonnables. Mais ces animaux sortent des bois la nuit comme le sanglier, et vont parcourir les champs voisins.

(1) J. LAVALLÉE ; *la Chasse à courre en France*, p. 325. — Paris, 1856 ; L. HACHETTE.

(2) A. DE VEAUBICOURT ; *Mémoires d'un Chasseur de Renards*, p. 183. — Paris, 1863, E. DENTU.

Ici encore, il y a lieu à des dommages-intérêts, et comme le propriétaire de la chasse devra les payer, c'est à lui à faire en sorte que le gibier n'augmente pas plus qu'il ne convient.

Nous ferons la même réflexion au sujet du lièvre. Le lièvre ronge les betteraves, coupe les blés pour se faire un chemin, il ne doit donc pas être par trop abondant. Toutefois, il ne faut pas exagérer l'importance des dégâts dont il est l'auteur. Par exemple, il est très vrai que, dans les plaines où il abonde, on rencontre beaucoup de betteraves entamées par lui ; mais enfin, ce produit du sol se vend environ vingt francs les mille kilos, et les lièvres devront être bien nombreux dans un canton pour dévorer le grand nombre de betteraves que ce poids représente. Du reste, il faut le dire, le cultivateur met volontiers au compte du gibier tous les dégâts qu'il constate en visitant ses récoltes ; et cependant, il est certain que la moitié au moins de ces dégâts seraient plus justement attribués aux moutons qui passent dans les champs, et aux vaches que l'on conduit au pâturage. Le lièvre, peuplant une plaine dans la proportion de un par trois ou quatre hectares, ne peut causer réellement aucun dommage appréciable.

Quant au lapin, le propriétaire de chasse doit en modérer énergiquement la multiplication, car cet animal est excessivement gaspilleur ; non-seulement il mange les herbes dans les bois habités par lui, mais il dévaste les champs du voisinage. « Il ne se contente pas de ce qui est nécessaire à sa nourriture : il coupe, à droite, à gauche, dans les trèfles, les luzernes ; on dirait que la faux du moissonneur y a passé. » (1) Quelquefois ce ne sont pas les champs voisins qui sont les plus endommagés ; « s'il se trouve de jeunes blés à une certaine distance, comme les lapins en sont très friands, pour s'y rendre et les venir dévaster ils tracent seulement une passée dans les pièces intermédiaires, quitte à revenir ensuite dans celles-ci quand ils auront entièrement dévoré les autres. (2)

Le faisan vit pendant une partie de l'année aux dépens des moissons, « car cet oiseau se nourrit de toutes sortes de graines et d'her-

(1) A. TOUSSENEL ; *Esprit des Bêtes*, p. 336. — Paris, E. DENTU.

(2) J. LAVALLÉE ; *la Chasse à tir en France*, p. 322. Paris, 1855. HACHETTE.

bages. » (1) Il habite les jeunes taillis sur la lisière des bois, et va chercher sa nourriture dans les champs voisins ; par le brouillard, il s'égare facilement et devient la proie du braconnier. L'élevage du faisan est une chose fort dispendieuse, et n'est entrepris ordinairement que par de riches propriétaires. Les paysans voisins des bois tuent beaucoup de faisans, ce qui ne les empêche pas de demander des indemnités considérables, quelquefois même supérieures à ce que pouvaient valoir leurs récoltes qu'ils disent avoir été dévorées par le gibier. (2)

Pour la perdrix, plus elle sera nombreuse et plus le cultivateur devra être satisfait. En effet, la première nourriture des perdreaux, ce sont les œufs de fourmis, les petits insectes qu'ils trouvent sur la terre, et les herbes ; « Ceux qu'on nourrit dans les maisons refusent la graine assez longtemps, et il y a apparence que c'est

(1) BUFFON ; *Histoire naturelle*, t. 12, p. 177. — Paris, 1808 ; DUFARD.

(2) E. BLAZE ; *le Chasseur du chien courant*, t. 2, p. 66. — Paris, 1859 ; N. TRESSE. « C'est si commode de récolter ainsi deux fois, et de manger le gibier par-dessus le marché, car le paysan ne se gêne pas pour prendre au collet les lièvres et les lapins, les faisans et les perdreaux. »

leur dernière nourriture. » (1) La perdrix ne vit que d'insectes nuisibles aux récoltes; par hasard, elle mangera quelques grains de blé, au moment des semailles, ou à l'époque de la moisson. Mais les services qu'elle rend à l'agriculture sont incalculables, et le fermier devrait bénir sa présence dans les champs.

De même, la caille, l'alouette, sont les auxiliaires du cultivateur, dans sa lutte contre les insectes nuisibles et les plantes parasites. Ainsi, Buffon nous apprend que les cailles vivent d'herbe verte, et de toutes sortes de graines, même de celles d'ellébore. (2) Quant à l'alouette, elle rend de grands services dans les pays de plaine, en détruisant une quantité considérable d'insectes, de vers, de chenilles, d'œufs de fourmis et de sauterelles. (3)

Ainsi, en résumé, nous voyons que si certaines espèces de gibier doivent être maintenues dans les bornes d'une multiplication modérée, cela

(1) BUFFON ; *Histoire naturelle*, t. 12, p. 350

(2) BUFFON ; *Histoire naturelle*, t. 13. p. 90.

(3) R. CABARRUS ; *les Animaux des Forêts*. p. 177. Paris, 1868 ; J. ROTHSCHILD.

s'applique surtout et presqu'exclusivement aux animaux vivant dans les bois. Quant au gibier de plaine, il peut prospérer sans danger pour la culture, dont il est au contraire souvent l'auxiliaire. Au reste, si l'on adoptait la législation nouvelle que nous proposons plus loin, tout cela pourrait sans inconvénient être laissé à l'appréciation des propriétaires de chasse. Ce sera à eux à mettre en balance, d'une part le plaisir qu'ils trouveront à chasser et peut-être le profit à tirer de la vente du gibier, et d'autre part l'importance des dommages-intérêts qu'ils seront exposés à payer. Mais comme le gibier que la France produit est loin de suffire à sa consommation, nous pouvons dire qu'il y a un intérêt public important à en favoriser la multiplication; car la richesse du pays augmentera d'autant, et l'agriculture n'a rien à en redouter, puisque si elle supportait quelques dégâts, elle serait de suite indemnisée par les propriétaires de chasses.

PREMIÈRE PARTIE

DES CAUSES DE LA DIMINUTION

DU GIBIER

Pourquoi le gibier diminue-t-il en France d'une manière si inquiétante ? Cela tient à diverses raisons dont nous n'allons énumérer que les principales, mais qu'il nous faut étudier sommairement, avant de chercher par quels remèdes on pourrait détruire le mal. Ces causes de la diminution du gibier sont : le nombre immense des personnes qui lui font la guerre, autrement dit, le braconnage ; les ravages des animaux nuisibles ; le morcellement de la propriété ; l'amélioration des procédés de culture ; l'influence des chemins de fer.

DES CAUSES

DE LA

DIMINUTION DU GIBIER

—

LE BRACONNAGE.

—

« Le braconnage, presque toujours école du crime,
« est une menace incessante contre la sécurité des
« personnes, et le respect de la propriété. »

*(Rapport présenté par M. Lenoble à la Chambre
des députés, le 7 juin 1843).*

La première est de beaucoup la plus importante cause de la diminution du gibier, se
trouve dans le nombre toujours croissant des
personnes qui cherchent à le capturer. (1).
« Depuis le dernier croquant des campagnes
jusqu'aux oisifs de la ville, tout le monde lui

—

(1) A. D'HOUDEDOT, *le Chasseur rustique*, p. 18 : « Il y a dix
chasseurs par pièce de gibier »

fait la guerre, et sa disparition énormément sensible sur le territoire continental est le résultat de cet immense développement de l'exercice de la chasse. » (1). Et cela surtout, « parce que trop de personnes ne chassent que pour tirer parti de leur gibier, les unes pour en vivre, les autres pour en faire commerce. » (2).

Assurément, il est beaucoup de chasseurs auxquels ce reproche ne peut s'adresser : qui épargnent le gibier destiné au repeuplement pour l'année suivante ; qui respectent les limites des réserves ; qui n'ont pas besoin de la présence d'un garde pour les rappeler à l'observation de la loi ; qui savent, en un mot, user sans abuser. Aussi, rien de ce que nous allons dire ne leur est applicable, et nous n'entendons parler ici que des personnes qui font plus ou moins de la chasse une industrie. Le braconnier, à nos yeux, ce n'est pas seulement en effet le pauvre diable qui n'a pas le moyen de se munir d'un port

(1) F. CASSASOLES : *Guide du Chasseur au chien d'arrêt*, p. 300 et 309. — Paris, GARNIER frères.

(2) J. LAVALLÉE : *la Chasse à tir en France*, p. 330

d'armes et qui cependant chasse; ce n'est pas seulement celui qui pose des collets dans les haies ou dans les sillons ; ce n'est pas seulement celui qui dépeuple nos champs à l'aide du drap des morts, du traineau, de la pantière. C'est aussi ce chasseur qui, bien en règle avec la loi puisqu'il a un permis, fera porter au marché le gibier récolté par lui ; c'est encore celui qui ne vend rien, mais qui veut à tout prix tuer assez dans la saison pour compenser largement ses dépenses et la perte de son temps. (1). Tous ces chasseurs, nous les rangeons dans la même catégorie, ce sont pour nous des braconniers, parce qu'ils n'ont aucun souci de la propagation du gibier, mais que, au contraire, leur unique préoccupation est de détruire le plus possible. Evidemment tout un monde les sépare les uns des autres ; mais les uns et les autres méritent notre réprobation.

Ainsi, faisons abstraction complète des

---

(1) A. CARTERON ; *premières Chasses.* p. 31. — Paris, 1866 ; J. HETZEL. « Celui-ci, c'est le chasseur qui chasse au poids, pour faire bouillir la marmite, et couvrir tout doucement ses dépenses. Il ne vend pas son gibier comme le braconnier proprement dit, et ne le fait pas manger par ses chiens comme le grand seigneur, mais il le sale pour l'été. »

chasseurs honnêtes et conservateurs, nous n'avons point à nous en occuper en ce moment ; mais étudions les braconniers. Les uns agissent complètement en dehors de toute légalité ; les autres daignent du moins se conformer aux exigences fiscales de la loi, mais tout simplement dans le but de se soustraire plus facilement à la surveillance de l'autorité. Et en effet, la loi exige des chasseurs l'accomplissement d'une formalité préalable à tout acte de chasse, c'est le versement d'une redevance annuelle ; « mais ce droit pécuniaire est illusoire comme résultat. » (1). Le braconnier se conforme à cette obligation, tout simplement pour acquérir une plus grande liberté d'allures ; désormais il n'aura pas à se cacher, car les agents de l'autorité ne s'informent pas si le chasseur qu'ils rencontrent a le droit de chasser sur telle ou telle pièce de terre : ils se bornent, en général, à demander si on a satisfait aux exigences du fisc. Seulement, le braconnier qui, par un reste de pudeur, ou plutôt par suite d'un habile calcul, se sera mis ainsi en règle, n'en sera

(1) C. DIGUET ; *les Tablettes d'un Chasseur*, p. 3. — Paris, 1868 ; E. DENTU.

que plus âpre à la curée, puisqu'avant tout
bénéfice il devra d'abord rentrer dans ses
fonds. Hâtons-nous de le dire, ce ne sera
pas long : quelques lièvres tués sur les lisières
de la réserve voisine, et vendus au marché
de la ville, suffiront à cela. Sur trois cent
mille permis de chasse délivrés en France
annuellement, deux cent mille le sont à des
braconniers, loups revêtus de peaux de brebis,
ne voyant dans la chasse qu'une industrie,
qu'ils exercent ouvertement et sans avoir grand
chose à craindre, parce qu'ils ont pris un
permis moyennant une dépense modique. Ne
serait-ce pas une excellente mesure de diminuer
le nombre des ports d'armes en augmentant
la valeur de cet impôt ? Le braconnage régulier
cesserait alors d'être en quelque sorte une
carrière ouverte à l'ambition de tous les
ouvriers paresseux ; la chasse ne serait plus
pour eux un prétexte couvrant le vagabondage
et la fainéantise, et le gibier ne disparaitrait
plus si rapidement. « Déplorons donc la trop
grande facilité avec laquelle tout le monde
peut se livrer à présent à l'exercice de la
chasse, parce que chaque jour nous démontre
de plus en plus qu'incessamment arrivera une

époque où la France sera dépeuplée. » (1).

Le braconnier jouit de la chasse avant le chasseur honnête (2) : il en jouira encore après lui, sans aucune interruption, presque sans entraves. Ses déprédations sont surtout sensibles depuis que les produits en sont si facilement écoulés au loin par les chemins de fer. Ecoutons ici les plaintes de Toussenel : « Maudits soient les chemins de fer, qui voiturent le gibier par tonnes aux gouffres sans fond des modernes Babylones, où tout s'engloutit comme une fraise dans la gueule d'un loup ! Maudite soit la rapidité de la locomotive, qui pousse à l'extension illimitée du braconnage, en lui garantissant le sûr placement de ses produits, en lui offrant à chaque heure une prime d'encouragement ! »

(1) B. H. RÉVOIL : *Boucres de Fusil*, p. 12. — Paris, 1865 : E. DENTU.

(2) D'ESTERNO : *Comment le Roi s'amuse en France*, p. 63. « Le jour de l'ouverture de la chasse, et dès le point du jour, une énorme masse de gibier afflue de toutes parts, et s'étale hardiment sur les marchés. D'où vient-il et quand l'a-t-on tué ? Evidemment, la veille ou l'avant-veille, c'est-à-dire à une époque où la chasse était fermée. Pendant ces deux jours, le chasseur régulier s'est scrupuleusement abstenu, et, quand il se met en chasse, il trouve son gibier déjà décimé par deux jours de poursuite, et il doit se contenter des restes du braconnier. »

(1) Grâce à ces facilités, de puissantes associations se sont formées pour la dépopulation de nos plaines, à l'aide d'engins terribles, (2) Beaucoup de braconniers sont affiliés à ces sociétés et servent de guides à leurs agents : « Le braconnage est un art aujourd'hui ; les anciens piéges sont dépassés par les nouveaux, qui décèlent une intelligence et une réflexion peu ordinaires. » (3)

Malheureusement, la passion du braconnage a jeté partout de profondes racines dans nos campagnes. Dès sa plus tendre enfance, le jeune paysan est *dénicheur de nids*. (4) « La des-

(1) A. TOUSSENEL. *Tristia*, p. 94.

(2) A. D'HOUDETOT ; *Braconnage et contre-braconnage*, p. 51. « Ce qui préserve surtout ces sociétés, c'est que, ne ravageant que les propriétés particulières et respectant les terrains vagues ou communaux qui défraient les plaisirs des petits chasseurs du pays, elles n'assument sur elles aucune haine populaire. Lorsqu'on ne fait tort qu'à ceux que tout le monde jalouse, il semble qu'on ne fasse tort à personne. »

(3) A. D'HOUDETOT ; *la petite Vénerie*, p. 278.

(1) *Extrait d'un rapport présenté au Sénat, le 21 juin 1881, par le président* BONJEAN. « Véritablement sans pitié sont ces enfants des campagnes, qui font l'école buissonnière pour aller *dénicher des nids*, comme ils disent. Les œufs et les jeunes couvées, tout leur est bon : N'ont-ils pas à briser les uns, à faire périr misérablement les autres de faim et de tortures ?..... Ce qu'on detruit de cette manière est incalculable : ceux qui ont habité la campagne savent qu'il n'est pas rare de voir un enfant, au bout de sa journée, rapporter une centaine d'œufs de toute provenance. »

truction des nids est, sur toute la surface de la France, un exercice de prédilection pour la totalité des enfants ; et l'on s'en cache si peu, qu'à Paris, le quai aux fleurs et la plupart des boutiques d'oiseleurs sont remplis, pendant toute la saison, de nichées à vendre. Au total, quatre-vingt millions de petits oiseaux sont ainsi détruits annuellement en France, sans compter près de cent millions d'œufs. » (1) Plus tard, l'enfant apprend à faire des lacets, et à les poser partout où il croit découvrir la passée du gibier. Quoiqu'en puisse dire M. Sclafer, le lacet détruit immensément (2); « et tout le monde sait, à n'en pas douter, que sur dix lièvres portés au marché, il y en a au moins six pris aux engins prohibés. » (3) Enfin, devenu homme, et ne sachant plus, ne voulant pas renoncer à ces habitudes de vie vagabonde contractées pendant sa jeunesse, notre paysan achète un fusil, élève un chien, prend ou ne prend pas de permis suivant qu'il a plus ou

(1) D'ESTERNO ; *Comment le Roi s'amuse en France*, p. 65

(2) H. SCLAFER ; *la Chasse et le Paysan*, p. 80. — Paris, 1868, F. SARTORIUS. « Le dommage causé par les chasses au piége est un dommage imaginaire ; .... avec un bon fusil, un chasseur, conduit par un bon chien, fait de tous autres ravages. »

(3) Le *Journal des Chasseurs*, 3ᵉ année, p. 216

moins d'audace, et il renonce pour toujours au travail honnête. En peu de temps il acquiert une admirable précision de tir, et il manque bien rarement son coup, « car il existe entre son arme et lui l'intime connaissance que l'ouvrier a de son outil. » (1) Aussi est-il vrai de dire qu'entre ses mains le fusil produit des résultats bien autrement destructeurs que le lacet entre des mains inhabiles. (2) Mais, parce qu'il porte un fusil, il ne renonce pas pour cela à poser des lacets : il cumule les deux industries, et ne néglige aucun moyen de s'emparer du plus grand nombre possible de pièces de gibier. De temps à autre, pour varier ses plaisirs, il pratiquera le braconnage au bâton. Entre tous les procédés, celui-ci n'est peut-être pas le plus facile, mais est le plus productif et le moins périlleux, quand celui qui l'emploie connait suffisamment les habitudes du lièvre, et les champs qu'il parcourt. (3) La fermeture

(1) H. DE BALZAC, *les Paysans*, p. 40. — Paris, 1868 ; M. LÉVY.

(2) H. SCLAFER, *la Chasse et le Paysan*, p. 96.

(3) O. J. BEAUJOINT ; *Rendez-vous de Chasse et d'Amour*, p. 22. — Paris, A. DE VRESSE. « Voici comment on procède. Le braconnier commence par reconnaître un gîte ; puis, par un temps favorable, soit en travailleur,

de la chasse, loin d'arrêter le cours des exploits du braconnier, est au contraire son plus beau moment, car il n'a plus alors à redouter de concurrence honnête, et il devient l'unique pourvoyeur des marchands de gibier. (1) Toute son intelligence est appliquée à son industrie, et cet homme qui eût pu être un bon et honnête ouvrier, devient un être dangereux et malfaisant. (2)

La crainte de la justice n'arrête point le braconnier ; grâce à la coupable connivence des paysans, il échappe facilement aux yeux des gardes : de plus, lorsqu'il est condamné par les tribunaux, c'est avec une modération souvent blâmable. Pris une fois, il aura échappé vingt autres fois ; il paiera une

soit en flâneur, il sort de chez lui : En chemin, il ramasse un bâton caché à dessein, s'avance directement à une trentaine de pas du domicile reconnu ; là, il prend à droite ou à gauche, tourne autour de la place, décrit un cercle et le rétrécit jusqu'à ce qu'il domine et voie le malheureux lièvre à portée de son bâton ; alors il l'assassine. »

(1) A. D'HOUDETOT : *la Petite Vénérie*, p. 279. « La fermeture, c'est l'ouverture pour les braconniers. »

(2) J. LAVALLÉE ; *la Chasse à tir en France*, p. 112. « Le braconnier dédaignant les moyens honnêtes de gagner sa vie, applique tout ce que la nature lui a donné d'intelligence, à deux points seulement : à prendre le gibier et n'être point pris par les gardes. »

amende légère s'il est solvable ; au cas où il
serait insolvable, les décisions de la justice
lui sont parfaitement indifférentes, car la
prison n'est appliquée que dans des circonstances très-graves, et presque jamais lorsqu'on
n'a pas affaire à des récidivistes endurcis. Je
sais bien que par l'emploi de la contrainte par
corps, on peut tenir le coupable en prison
pendant quelques jours s'il n'a pas acquitté
l'amende, mais ce moyen est illusoire, et le
ministère public y a peu recours, car il ne le
fait qu'après avoir demandé l'avis des autorités
locales ; et cet avis est presque toujours
donné de telle façon que le procureur renonce
à faire emprisonner le délinquant qu'on lui
signale comme un homme insolvable, mais
très-digne de pitié, à l'égard duquel la
contrainte par corps n'aurait aucun effet utile
au point de vue du recouvrement de l'amende,
et augmenterait tout simplement les frais pour
l'Etat. Mais, du reste, il n'est ici question que
des braconniers sans permis : ceux qui en
sont munis sont dans une toute autre situation. Vis-à-vis d'eux, il semble que la justice
soit désarmée ; il semble que, ayant satisfait
le fisc, ils ont droit, non-seulement à

l'indulgence, mais même à l'impunité. (1).
Et en effet, des circulaires ministérielles
s'appuyant sur les discours prononcés lors de
la discussion de la loi sur la chasse à la
Chambre des députés, ont ordonné aux parquets
de ne pas les poursuivre, si le propriétaire
sur les terres duquel ils ont chassé ne se
porte point partie civile. Jusqu'ici, je l'avoue,
je n'ai pu comprendre dans quel but cette
détermination a été prise, à moins que ce ne
soit par intérêt pour les braconniers. Le ministère public, refusant de poursuivre directement les auteurs d'un délit de chasse, me
semble en opposition complète sinon avec le
texte, du moins avec l'esprit de l'article 26
de la loi du 3 mai 1844. Mais, quoi qu'il en
soit, voici dans quelle singulière et déplorable
position on place le propriétaire. Supposons
que son garde a dressé procès-verbal contre
un délinquant insolvable, quoique muni d'un
permis de chasse. Le propriétaire a le choix
entre deux partis à prendre : ou s'adresser à

____

(1) PONSON DU TERRAIL ; *Les Chiens de Chasse*, p. 29.— Paris, 1863 ;
AMYOT. « Une chose qui nous a toujours frappé, c'est l'insuffisance, nous
dirions volontiers la nullité, des moyens de répression qui existent en
France contre le braconnage. »

la justice pour obtenir réparation, ou se taire. S'il s'arrête à ce dernier parti, il est certain de voir son gibier diminuer et finir par disparaître, puisque les braconniers sauront désormais n'avoir rien à craindre de lui. Mais s'il veut pousser les choses plus loin, il faut qu'il se porte partie civile et fasse l'avance des frais, sauf son recours contre le condamné, recours parfaitement illusoire, puisque celui-ci est insolvable. Veut-on savoir, ce qu'il en coûte pour poursuivre un délinquant dans ces conditions ? le propriétaire paiera : pour timbre et enregistrement du procès-verbal, pour assignations à témoins et à partie, environ 20 fr., pour frais de l'instance, à peu près 30 fr., pour honoraires à son avocat, au moins 25 fr., soit en tout 75 francs pour obtenir condamnation. Mais comme le condamné est insolvable, si l'on veut qu'il soit puni réellement, il faudra le tenir en prison pendant quelques jours en vertu de la contrainte par corps ; pour y arriver, il y aura encore à dépenser environ 125 fr., c'est-à-dire au total 200 fr. En fin de compte, le braconnier aura été condamné, mais le propriétaire paiera pour lui, et aura dû faire beaucoup de démarches. (1) Voilà la situation qui est faite au propriétaire vis-à-vis du braconnier, c'est-à-dire évidemment que l'impunité est acquise à ce dernier dans la plupart des cas. Il en sera autrement à l'avenir, je me hâte de le dire, si on adopte ce que je proposerai plus loin. Comme avec mon système de réserves bien définies, non latentes, connues de tous, ceux-là seuls commettront des délits qui le voudront bien ; comme il s'agira, ainsi que nous l'expliquerons, non d'un délit *sui generis*, mais d'un vol véritable : il sera indispensable que, sur la simple transmission d'un procès-verbal, régulier d'ailleurs et constatant un fait positif, le ministère public soit tenu de poursuivre d'office et sans qu'il faille une partie civile. La propriété cynégétique sera alors protégée par la justice comme toute autre propriété.

Le braconnier est exposé à rencontrer sur sa route les adversaires que la société lui oppose. C'est d'abord la gendarmerie : mais

(1) *La vie à la campagne*, tome 2, p. 128. « Comme ces corvées sont amusantes ! Aussi, dix-neuf personnes lésées sur vingt reculent devant de tels ennuis, surtout celles qui habitent la campagne, et le méfait reste impuni, et les délinquants recommencent. »

celle-ci ne s'occupe guère que des délits de chasse sans permis : du moment qu'on exhibe aux gendarmes un permis, il est bien rare qu'ils poussent plus loin leurs investigations. Ils sont d'ailleurs trop peu nombreux, surchargés de besogne, et il faudrait que le nombre des brigades soit notablement augmenté. Il y a aussi malheureusement bien des jours, connus à l'avance des délinquants, et qui sont pour eux des jours de sécurité absolue. La gendarmerie fait à date fixe un service de correspondance mensuel ; elle assiste à des revues, à des inspections, à des *te deum*. Ces jours-là, le braconnier n'a point à la redouter ; il le sait, il en profite.

Quant aux gardes-champêtres, nés et apparentés dans le village, « ils ne s'occupent en général qu'à préserver les récoltes du vol et des dégâts ; les délits de chasse sont pour eux la moindre des choses » . (1) On ne les rencontre guère que les jours d'ouverture, allant de chasseur en chasseur. non par zèle et dans l'intérêt des réserves, mais pour

(1) B. H. RÉVOIL.: *Boucres de Fusil.* p. 201.

recueillir la légère gratification à laquelle l'usage leur donne droit en quelque sorte. Et du reste, peut-on demander davantage aux gardes - champêtres, avec leur organisation actuelle ? Quelle utile surveillance peut-on raisonnablement exiger d'un homme, mal payé, et qui à lui seul doit souvent tout faire dans la commune : préserver les récoltes du maraudage ; veiller à la police des cabarets ; présider à l'exécution des corvées ; être l'appariteur de la mairie ; faire les commissions du maire, des adjoints et des conseillers ; porter les avis du percepteur, et les contraintes ; procéder à certaines ventes ; cumuler les fonctions de crieur public et d'afficheur ; remplir l'emploi de sequestre ou de gardien des scellés ; etc, etc ? Il est évident que les attributions confiées au garde-champêtre sont tellement nombreuses que, « si ce fonctionnaire remplissait avec exactitude tous les devoirs qui lui incombent, il serait l'homme du pays le plus occupé » . (2)

Les gardes particuliers ont pour mission spéciale de s'opposer aux déprédations des

---

(2) J LAVALLÉE : *La chasse à tir en France*, p. 418.

braconniers. Pour eux, les délits de chasse ont une importance qu'ils n'ont pas aux yeux des gendarmes et des gardes - champêtres. Ils peuvent d'ailleurs consacrer tout leur temps au service dont ils sont chargés. Aussi le choix d'un garde particulier est-il une affaire d'une importance extrême, et qu'il ne faut pas faire sans méditer les excellents conseils de M. de la Rue, auxquels nous renvoyons le lecteur (1).

Pour le braconnier, la surveillance des gardes ou des gendarmes est un obstacle qui l'empêche de rendre sa profession aussi lucrative qu'il le voudrait ; et, chaque fois que, surpris dans un lieu solitaire en flagrant délit, il croira pouvoir se débarrasser de son ennemi sans exciter les soupçons de la justice, il ne reculera pas devant un assassinat (2). Ajoutons que, malheureusement, la loi interdit aux agents de l'autorité de désarmer les braconniers, ce qui rend la rédaction des procès-

______

(1) *La vie à la campagne*, tome II, p. 73.

(2) E. BLAZE ; *Le chasseur conteur*, p. 212. « Brigands et braconniers sont à peu près synonymes. En effet, un homme qui, pendant la nuit, va voler du gibier, armé jusqu'aux dents, est toujours prêt à tuer celui qui voudra s'opposer à ses déprédations.

verbaux dangereuse pour les gardes ; « si, au lieu de défendre le désarmement des chasseurs, la loi eut obligé, sous les peines les plus sévères, tout chasseur à remettre son arme à la première réquisition, comme cela se fait pour les engins de pêche, on arriverait peut-être à diminuer le nombre de ces collisions regrettables, qui, chaque année, coûtent la vie à un certain nombre des agents de l'autorité » (1). Il ne faut pas se le dissimuler en effet, le braconnier devient facilement homicide ; car, « du délit au crime, il n'y a qu'un pas : c'est par un lièvre qu'on commence, c'est par un gendarme qu'on finit » (2).

Il importe donc, dans l'intérêt de la Société, de chercher à déraciner ces habitudes de braconnage malheureusement trop répandues dans les campagnes. (3) Il faut mettre le permis de chasse à un prix assez élevé pour qu'il ne puisse plus être payé en un jour ou deux par le massacre de quelques lièvres ; il faut ensuite que l'autorité

(1) *Revue des eaux et forêts*. N° du 10 Octobre 1868.

(2) A. D'HOUDETOT : *Braconnage et contre-braconnage*, p. 49. Paris, 1858. CHARPENTIER.

(3) L. DE CUREL : *Manuel du Chasseur au chien d'arrêt*, p. 170.

recherche sérieusement les délinquants et les punisse plus sévèrement ; il faut que la police judiciaire dispose d'un personnel d'agents plus nombreux et mieux organisés ; il faut en arriver à organiser la chasse d'une autre manière, et favoriser la création des réserves par les moyens que nous indiquerons plus loin. Sans cela, nous verrons fatalement le gibier diminuer de jour en jour, et finir par disparaître tout à fait. (1) Il est indispensable, enfin, que les honnêtes gens cessent d'éprouver comme une secrète sympathie pour les braconniers, « pour cette famille de

Paris, 1861. E. DENTU. « On trouve à peu près en tout lieu un homme vigoureux, renonçant au travail qui faisait vivre sa femme et ses enfants, pour le braconnage à l'affût et au lacet, séduit qu'il a été par la facilité avec laquelle il a vu qu'on échappait au garde et à la loi. Une fois lancé dans cette voie, il ne quitte le cabaret que pour sa misérable industrie, incapable de lui donner du pain ; ce pain, il ne tarde pas à le demander au vol, et au besoin, il ne reculera pas devant les violences les plus criminelles. Quand on rencontre ces créatures dangereuses et dégradées, au regard faux et insolent, on se prend à regretter, malgré toutes les déclamations, que la chasse ne soit pas une impossibilité pour le plus grand nombre. »

(1) F. CASSASSOLES; *Guide du Chasseur au chien d'arrêt*, p. 310. « Pour mettre un terme à cette grande destruction qui finira par amener la disparition du gibier dans un temps plus ou moins rapproché, il est urgent d'organiser l'institution défectueuse des gardes champêtres, de veiller aux portes des villes pour empêcher l'écoulement du gibier en temps prohibé, et d'arrêter le débouché local qui se trouve chez les hôteliers, dont on devrait mieux visiter les cuisines. »

renards à deux pattes, race conteleuse, rusée, pateline, doublée de gascon et de bas normand, dangereuse parfois, implacable dans sa vengeance et dans ses haines, et qui cesse d'intéresser dès qu'on se rappelle tout ce qu'elle fournit, bon an mal an, à nos Cours d'assises et à nos bagnes. » (1)

1. Léon BERTRAND : *la Chasse et les Chasseurs* p. 300. Paris. 1862, L. DENTU.

LES ANIMAUX NUISIBLES.

Mais le gibier n'a pas seulement à craindre
l'homme, bien qu'il soit son ennemi le plus
acharné, il doit encore redouter certains animaux
qui le déciment. Dans les grandes réserves, on
détruit avec soin ces êtres nuisibles, et des
primes allouées aux gardes stimulent leur zèle.
Mais, en général, de telles mesures ne sont
prises que dans les chasses du chef de l'Etat ou
de quelques riches propriétaires ; les petits propriétaires, sachant que leurs efforts pour protéger
le gibier ne profiteraient qu'aux braconniers
voisins, ne se donnent pas la peine de détruire
les animaux qui leur font concurrence. Et cepen-

dant, ces animaux causent des dégâts très-sérieux, comme chacun le sait. Sans vouloir faire ici un cours d'histoire naturelle, et sans nous appesantir sur les détails, citons, à titre d'exemple, les plus nuisibles entre tous.

En tête de la liste, nous devons placer le loup, dans lequel les hiéroglyphes égyptiens personnifient le voleur, mais dont l'espèce heureusement tend à disparaître de notre pays en même temps que nos dernières forêts : Ce sera là le seul bon résultat des défrichements insensés qui ont remplacé par de mauvaises cultures ou de maigres pâturages les bois qui préservaient nos plaines des inondations subites, et nos vignobles des gelées si désastreuses du printemps. Le loup est, dit M. Lavallée, le plus redoutable des braconniers, et il détruit plus de gibier que tous les chasseurs : il s'attaque même à l'homme, et surtout aux enfants. Tout le monde connaît l'histoire de cette terrible louve, qui déjoua pendant si longtemps les efforts des chasseurs, et ne fut enfin tuée qu'après avoir désolé toute une province, et semé au loin l'épouvante (1).

(1) ELIE BERTHET, la Bête du Gévaudan, p. 2. — Paris, 1862. L. Hachette.

Le loup a du reste beaucoup de prudence ; il
ne fait jamais de dégâts dans les environs
du lieu où il a établi sa demeure : « mais,
lorsqu'il entre dans une bergerie, il fait autant
de victimes que cela lui est possible, bien
qu'il ne puisse les emporter toutes » (1). Il
s'attaque volontiers aux êtres faibles : aussi sa
présence dans une forêt annonce que bientôt
on verra diminuer et disparaître le gibier, si
on ne vient pas à bout de le capturer, ou de
tuer.

Le renard est tout aussi nuisible, et sa
réputation est faite depuis longtemps : « il
chasse les jeunes levrauts en plaine, saisit
quelquefois les lièvres au gîte, ne les manque
jamais lorsqu'ils sont blessés ; déterre les
lapereaux dans les garennes ; découvre les nids
de perdrix, de cailles ; prend la mère sur les
œufs, et détruit une quantité prodigieuse de
gibier » (2). C'est surtout au moment où ils
élèvent leur famille que les renards font le
plus de tort, c'est-à-dire pendant les mois de

(1) J. LAVALLÉE ; *la Chasse à courre en France*, p. 389 et 400.

(2) BUFFON ; *Histoire naturelle*, tome 24, p. 316.

juin, juillet et août ; cette époque coïncide malheureusement avec celle de la couvaison et de l'éclosion du jeune gibier à plume : « Et du 15 mai à la fin de juin, le renard peut faire et fait en effet des ravages incalculables » (1). « C'est pourquoi on ne saurait trop recommander aux chasseurs d'éviter de laisser des portées de renardeaux s'échapper ; ils en seraient punis par le gibier qui leur manquerait à l'automne. et par la disparition des volailles de la ferme. (2).

Sans être aussi déprédateur que le renard, « le blaireau ne laisse pas d'être nuisible. en détruisant une assez grande quantité de jeune menu gibier qu'il surprend au gîte : il fait encore ses délices des œufs de faisans, de cailles, de perdrix. » (3). Le blaireau ne dédaigne pas la volaille, et même, c'est Du Fouilloux qui l'affirme, il est, par-dessus

---

(1) *Le Journal des Chasseurs* ; 30ᵉ année, p. 16.

(2) CLAMART ; *Cinquante années de chasse*. p. 69 — VOUZIERS, 1851. FLAMENT-ANSIAUX.

(3) E. LEMASSON ; *la Chasse souterraine du blaireau et du renard*. p 43. — Paris 1865, BOUCHARD-HUZARD.

tout, friand de la chair des jeunes cochons de
lait. (1).

Le chien est également à redouter. Le cultivateur, qui va aux champs, emmène son chien,
puis travaille sans s'en occuper. Ce chien,
abandonné à ses instincts naturels, erre de
tous côtés aux environs, dérange les couvées,
et détruit levrauts et lapins ; cependant,
presque toujours, il est rangé dans la catégorie
qui paie l'impôt le moins élevé, et ne devrait
pas quitter la cour de la ferme : mais l'autorité locale, au mépris des intérêts de la
commune, ferme les yeux sur cet abus. C'est
ainsi que dans presque tous les villages, on
voit quantité de chiens en complète liberté,
mais pour lesquels on se garderait bien de
payer l'impôt déterminé par la loi. Ces chiens,
à peine nourris par leurs maîtres, circulent
partout jour et nuit ; et, dans les champs, ils
détruisent plus que les animaux classés comme
nuisibles, car ils ne laissent aucun repos aux
lièvres qu'ils tiennent toujours sur pied, car ils

(1) J. DE FOUILLOUX ; *la Vénerie*, ch. 56. — Angers, 1844.
CHARLES LEROSSÉ.

ne laissent aucune tranquillité aux perdrix qu'ils inquiètent sans cesse. (1). — De même que le chien errant, le chien de berger, restant toujours hors du village, cause aussi des dégâts très-sensibles. Il y a bien longtemps qu'on l'a remarqué. Aussi, Varron, donnant des conseils aux bergers de son temps, leur dit-il d'avoir soin de ne jamais acheter, pour la garde de leurs troupeaux, des chiens élevés par des chasseurs. (2). Et en Angleterre, nous savons qu'une loi de Guillaume le Conquérant ordonnait aux gardes-forestiers d'arracher les griffes des chiens de bergers, de façon à leur ôter la possibilité de poursuivre les daims et les cerfs des forêts voisines. (3). Il est connu d'ailleurs que le berger encourage son chien le plus souvent, et qu'il est bien rare qu'il ne soit pas un peu braconnier. Nul mieux que lui ne connait les habitudes du gibier, et ses contrées de prédilection ; il charme ses loisirs par la pose de quelques collets : Aussi n'adresse-t-il

(1) *Le Journal des Chasseurs*, année 1867, p. 147.

(2) VARRON : *de re rustica*, livre 2 « *Videndum ne a venatoribus canes emas.* »

(3) WALTER SCOTT, *Ivanhoe*, ch. 1, p, 6, traduction de Louis Vivien. Paris 1837, P. M. Poussat et Cie

guère de reproches à son chien, lorsque celui-ci
étrangle un lièvre, ou poursuit de jeunes perdreaux. « Le berger, qui, depuis la Saint-Jean
jusqu'aux gelées, parque et garde ses moutons
dans les champs, en ayant l'air de tricoter des
bas, ou de sculpter des manches de fouet ;
les chiens qui paraissent seulement occupés de
surveiller et d'aligner les bêtes à laine, ont
les uns et les autres des tentations et des
instincts de braconnage irrésistibles : aussi ils
n'y résistent pas. » (1). Il est indispensable que
des mesures sévères interviennent, de manière
à diminuer le nombre des chiens occupés à
détruire le gibier.

Vient ensuite le chat, « et l'on ne peut se
faire une idée des dégâts qu'il commet dans
les pays où la fertilité de la terre groupe les
villages et les fermes à peu de distance les
uns des autres. » (2). Lorsque cet animal a une
fois goûté du gibier, il ne veut plus d'autre
nourriture. et il passe ses journées comme ses

(1) Ch. JOBEY ; *La Chasse et la Table*, p 272. — Paris, FURNE et Cⁱᵉ.

(2) A. D'HOUDETOT : *La Petite Vénerie*, p. 302. — Paris 1856
CHARPENTIER.

nuits à la recherche des lièvres, des lapins ou des perdrix. On prétend que, pour empêcher les chats de contracter ces habitudes vagabondes, il suffirait de leur couper les oreilles ; ils cessent alors, dit-on, d'être dangereux, parce qu'ils ne peuvent plus pénétrer dans les blés ou les luzernes : la sensibilité de la partie découverte les dégoûte des promenades dans les champs, surtout quand il y a de la rosée. (1).

Nous citerons encore la fouine, le putois, et leurs congénères. « Ces animaux sont des braconniers dont il est bon de se débarrasser, car ils ne vivent que de carnage ; ils sont le fléau des couvées d'alouettes, de cailles, de perdrix. » (2). Une belette se cramponnera sur le dos d'un lièvre, dont elle sucera le sang jusqu'à ce qu'il tombe mort, et sans qu'il puisse s'en débarrasser. Lorsque la fouine a atteint toute sa force, elle commet presque autant de ravages qu'un chat ou qu'un renard. (3).

(1) DE LAGE, DE CHERVILLE et DE LA RUE : *Nouveau Traité des Chasses à courre et à tir*. — Paris. A. Gois.

(2) J. LAVALLÉE ; *La Chasse à courre en France*, p. 183.

(3) A. D'HOUDETOT ; *La Petite Vénerie*, p. 303.

Signalons enfin, à la haine du chasseur, les oiseaux de proie, tels que le faucon, la buse, l'épervier, et spécialement la pie, « cet animal omnivore, allant sur les charognes, vivant de toutes sortes de fruits, et surtout, faisant sa proie des œufs et des petits des oiseaux, quelquefois même des père et mère. » (1). C'est l'oiseau qui détruit le plus d'oiseaux : « son œil perçant découvre les nids au fond des taillis, sur les arbres et dans les blés ; elle mange tout, œufs et petits s'il s'en trouve. » (2). Aussi, dans l'intérêt de la chasse, il faut tuer la pie partout et toujours : « Il en restera encore bien assez. » (3).

Voilà en quelques mots, la liste des principaux animaux qu'il faut s'appliquer à détruire, si l'on veut avoir du gibier. Mais les chasseurs conservateurs ne s'en donneront la peine que du jour où ils pourront être seuls propriétaires

(1) BUFFON ; *Histoire naturelle*, tome 44, p. 163.

(2) E. BLAZE ; *Le Chasseur au chien d'arrêt*, p, 125. — Paris 1859, N. TRESSE.

(3) *La Chasse illustrée* ; 1re année, n° 31. — Paris, F. DIDOT.

d'une chasse suffisamment étendue, et pour un temps assez long : que du jour, enfin, où la loi les protégera efficacement contre le braconnage.

LES PROGRÈS DE L'AGRICULTURE.

« C'est la bonne agriculture qui fait que les campagnes
« sont de moins en moins giboyeuses. »

(H. SCLAFER, *la Chasse et le Paysan*, p. 125).

Une autre cause de la diminution du gibier,
c'est que l'agriculture a fait en France de grands
progrès depuis le commencement de ce siècle.
On ne voit plus de terres en friche, plus de
jachères; presque partout, on demande aux
champs de produire sans interruption. (1) L'in-
troduction dans l'assolement des cultures industrielles et des prairies artificielles n'a pas été
favorable à la reproduction du gibier, car elle
nécessite la présence perpétuelle de l'ouvrier

---

(1) F. CASSASSOLES ; *Guide du Chasseur au chien d'arrêt*, p. 302.
« Une grande cause de destruction, ce sont les plantes fourragères,
fauchées avant l'éclosion des petits. »

dans les champs, soit pour arracher les mauvaises herbes, soit pour biner la terre, soit pour récolter (1). Et de plus, elle amène une coïncidence très-malheureuse entre le moment de la couvaison des perdrix, et l'époque de la coupe des trèfles et des luzernes. « En effet, la perdrix fait son nid à terre, dans les sillons, dans les endroits couverts d'herbes, qui peuvent le mieux la dérober aux regards. La ponte commence vers la fin d'avril ou les premiers jours de mai: les blés sont encore très-courts, ils peuvent à peine servir d'abri. Les prairies artificielles, au contraire, les trèfles, les luzernes, ont déjà poussé ; c'est donc sous leur feuillage qu'elle va établir sa demeure ; ce qui cause la perte de plus de la moitié des couvées, car souvent les prairies sont fauchées avant que les perdreaux soient éclos. » (2) « La nature marâtre, dit Toussenel, a mis au cœur de la perdrix cette tendance fâcheuse à nicher parmi

(1. E. BLAZE, *le Chasseur au chien d'arrêt*, p. 122 « Malheureusement, la perdrix fait son nid dans les luzernes, trèfles et sainfoins : elle préfère souvent les prairies artificielles parce que, poussant plus vite, elles lui présentent plus tôt un abri ; mais la fauchaison arrive, lorsque bien des petits ne sont pas encore éclos, et la couvée est perdue. »

(2) J. LAVALLÉE, *la Chasse à tir en France*, p. 202.

les trèfles et les luzernes, dont la première coupe
se fait toujours trop tôt, et livre à la faux du
trépas d'innombrables milliers de charmants
petits êtres, que la mort reprend à l'heure même
où ils frappent du bec aux portes de la vie. Le
sarclage des céréales est assurément une méthode
de culture perfectionnée qui ajoute de nombreux
hectolitres de grains à la production annuelle.
Seulement, le sarclage a pour effet certain de
détruire une partie des couvées de cailles et
de perdrix qui ont eu le bon esprit de ne pas
faire élection de domicile parmi les trèfles et
les luzernes. » (1) Après un court repos, la
mère tentera parfois d'élever une autre famille.
Mais la seconde ponte, faite cette fois dans les
blés ou les avoines, sera moins abondante que
la première, pourra bien être détruite aussi au
moment de la moisson, et dans tous les cas ne
donnera qu'un médiocre résultat, car les jeunes,
trop faibles encore pour fuir le danger, seront
de suite la proie du braconnier et de son chien
au jour de l'ouverture.

Le nombre des œufs plus ou moins près

(1). A. TOUSSENEL : *Tristia, Histoire des misères et des fleurs de la
chasse en France*, p. 70 et 467. — Paris. 1863. E. DENTU.

d'éclore, et mis ainsi à découvert par la fauchaison chaque année, est considérable : par
exemple, en 1857, j'en ai recueilli plus de treize
cents sur une chasse d'une étendue de quinze
cents hectares environ. Faut-il les laisser perdre,
ou peut-on en tirer parti ? (1) Je l'ai essayé
souvent pour ma part ; mais j'avoue que le
résultat jusqu'à présent n'a guère répondu aux
peines que je me suis données. Et cependant,
je ne me découragerai pas, car il y a là un
problème très-intéressant à résoudre ; et si l'on
pouvait, chaque année, sauver seulement le
quart des œufs abandonnés par les couveuses
à la suite de la fauchaison des récoltes, on ne
trouverait pas les compagnies de perdrix si
clairsemées dans les campagnes. Mais nul ne
veut se donner la peine d'élever du gibier pour
les braconniers ; et les chasseurs sérieux ne se
donneront cet embarras que lorsque la législation
modifiée les protégera plus efficacement.

Quoi qu'il en soit, et à titre de simple ren-

(1) Léon BERTRAND : *la Chasse et les Chasseurs*, p. 121. « L'élevage
artificiel du gibier peut être avantageux dans les pays où les prairies
artificielles dominent ; mais c'est prendre un soin superflu et inutile dans
les pays à blé. »

seignement, que l'on me permette de dire le plus brièvement possible les moyens employés et les résultats obtenus. L'élevage du gibier se fait, soit en mettant les œufs sous des poules couveuses, soit en employant des appareils spéciaux, dits incubateurs, ou couveuses artificielles.

La partie principale de ces incubateurs consiste en un thermosiphon qui doit donner dans les tiroirs contenant les œufs, une chaleur constante d'environ quarante degrés, et il y a là tout d'abord une grande difficulté à vaincre. Pour obtenir cette température, j'ai primitivement employé une lampe alimentée avec de l'huile; mais la nuit, jamais je n'arrivais à la chaleur voulue. Avec le pétrole et le schiste, on arrive aux quarante degrés facilement; mais cette fois les œufs sont entourés d'une atmosphère infecte, qui fait mourir les jeunes poussins dans la coquille. Une seule substance, l'alcool, m'a donné la chaleur nécessaire sans mauvaise odeur; mais on use par vingt-quatre heures plus d'un litre d'alcool, et la dépense finit par être assez forte.

A cette difficulté du chauffage s'en joint une

autre, qui est presque insurmontable. La perdrix, couvant, donne à ses œufs la chaleur voulue, et en même temps leur communique une certaine onctuosité qui les empêche de se dessécher. Tandis que, quoiqu'on fasse, dans l'incubateur artificiel l'œuf se dessèche; et alors, lorsque le moment de l'éclosion arrive, on voit le petit poussin chercher inutilement à briser l'œuf devenu trop dur, ses plumes naissantes adhèrent à la coquille, et il meurt sans pouvoir quitter sa prison. Cet obstacle a entravé chaque été mes efforts, malgré tout ce que j'ai pu faire pour le vaincre. Comme résultat de plusieurs années d'expérience, je dirai : N'est venu à bien aucun œuf qui a dû séjourner longtemps dans l'appareil ; ont réussi à éclore seulement ceux qui, couvés depuis une quinzaine de jours environ par la mère, n'ont dû passer que très peu de temps dans l'incubateur.

Cependant, supposons les petits venus au monde. Il leur faut tout d'abord deux choses, sans lesquelles ils sont perdus : de la chaleur, et des œufs de fourmis. Plus ils auront chaud, dans les premiers jours principalement, mieux ils viendront. Pour moi, je les élève d'ordinaire dans une sorte de petite serre, chauffée la nuit vigoureusement, ils couchent sur de la ouate, ont de la ouate sur le dos, et sont placés ainsi près des tuyaux d'eau chaude. Au bout de quelques jours, ils passent les heures les plus belles de la journée à l'air sous une ravache ; et, lorsqu'ils ont six semaines, je les lâche dans les champs un beau soir. Ils sont alors devenus si familiers qu'ils me suivent et ne veulent pas se séparer de moi. La quantité d'œufs de fourmis qu'ils dévorent est incalculable ; c'est pour eux la nourriture la plus désirée, celle dont ils se lassent le moins, et qui leur évite presque toutes les maladies : mais, petit à petit, on donne aussi de l'œuf, du pain, de la salade, du millet, et enfin du blé. On trouve à ce sujet d'excellents conseils dans un petit ouvrage de l'abbé Alary, que nous recommanderons tout spécialement aux personnes désireuses d'éviter les mécomptes de l'inexpérience, et qui voudraient pratiquer l'élevage naturel ou artificiel du gibier. (1). On apporte aux jeunes

(1) L'abbé ALARY ; *L'Art d'élever les perdrix, les cailles et les colins d'Amérique*. — Paris, A. Goin.

perdreaux la terre contenant le nid de fourmis : ils mangent avidement œufs et fourmis. Ils préfèrent incontestablement les fourmis noires ; mais, contrairement à ce que l'on a dit, je n'ai jamais trouvé d'inconvénient à leur donner des fourmis rouges, qui sont d'ailleurs les plus communes dans les champs. En général, si on les soigne bien, il n'en meurt pas plus de un sur dix. Mais que de soins assidus il faut pour cela ! Avec quelle attention il faut veiller à ce que la température ne s'abaisse point la nuit ! Un peu de négligence et l'on trouve le matin tous ses élèves morts.

Puisque l'occasion s'en présente, disons en passant que les jeunes cailletaux sont moins frileux, et s'élèvent plus facilement. On en perd très peu, mais ils ne deviennent point aussi familiers que les jeunes perdreaux. Du reste, on ne les élève point pour les lâcher dans les champs, puisque ce sont des oiseaux migrateurs ; je n'en parlerai donc pas davantage.

Quant à l'incubation des œufs de perdrix par des poules, on en obtient de bien meilleurs résultats, surtout si on a sous la main des poules de petite taille. Mais il est très difficile d'avoir à point nommé, et en nombre suffisant, des poules disposées à couver ; c'est pourquoi bien des œufs de perdrix ne peuvent être utilisés. Quoi qu'il en soit, dès qu'une couvée est éclose, il faut donner des œufs de fourmis, et petit à petit, on en arrive à mettre la poule au milieu des champs, sous une ravache dont le tissu est assez serré pour mettre obstacle à sa sortie, mais laisse circuler librement les poussins. Puis un beau jour, on rapporte au logis la poule, et les perdreaux sont abandonnés à eux-mêmes, — mais, pour agir ainsi, il faut être placé dans des conditions exceptionnelles, n'avoir rien à redouter des enfants, des moissonneurs, des chats ; il faut être propriétaire absolu de la chasse sur tout le terrain voisin de son habitation : En un mot, il est presque impossible d'entreprendre cet élevage artificiel, si notre système en ce qui concerne la législation cynégétique n'est pas adopté. Il y a là, en effet, une dépense considérable pour le propriétaire. Ainsi, plus haut, je disais avoir récolté à l'époque de la fauchaison environ

treize cents œufs. Cela représente au minimum
cent vingt-cinq nids, chacun à un point
différent d'incubation : il est donc nécessaire
d'avoir 125 poules prêtes à couver, ce qui en
suppose bien le triple dans la basse-cour.
Pense-t-on à la dépense que cela nécessiterait ?
Jamais personne ne s'y résignera, sans être
pour longtemps seul propriétaire de la chasse,
sur tout le territoire voisin.

Ajoutons que, au moment où l'on recueille
ainsi les œufs à la suite des faucheurs, les
gardes doivent déployer la surveillance la plus
active pour empêcher qu'on ne leur apporte
des œufs enlevés dans des champs non
moissonnés, car alors le remède serait pire
que le mal. Ils doivent exiger qu'on les
appelle, et qu'on leur montre le nid à terre,
avant que de le toucher : ils jugeront facilement
de l'authenticité de ce nid.

LES CHEMINS DE FER

ET LES FILS TÉLÉGRAPHIQUES.

Disons actuellement quelques mots de l'influence sur la chasse des chemins de fer, et
des lignes télégraphiques. Les chemins de fer
protégent le gibier par la continuité de leurs
enceintes, en forçant le chasseur à interrompre
sa poursuite pour aller au loin chercher un
passage. Les compagnies de perdrix se can-
tonnent très volontiers, sans souci des trains,
auprès de la voie ferrée, qu'elles traversent à
la première alerte. « Le gibier trouve même
jusque dans l'intérieur de cette longue ceinture

de terrains mis en réserve, un refuge assuré. » (1). En sorte que les chemins de fer produisent un résultat à peu près analogue à celui que réaliserait la proposition émise par M. Sclafer. d'interdire absolument la chasse sur les terres des veuves et des mineurs, de façon à en former des pépinières de gibier. (2).

Mais les chemins de fer, à côté de ces bons effets, en ont de détestables. Ils transportent les chasseurs rapidement sur tous les points du territoire, partout où l'on signale l'existence du gibier ; et surtout, ils permettent au braconnage d'étendre au loin ses opérations, et d'écouler rapidement vers les grands centres le produit de ses rapines. Enfin, les gardes-barrière, les surveillants de passages à niveau, tous ces employés divers, que la nature même de leurs fonctions force à passer leur vie dans des positions isolées, au milieu des champs, deviennent souvent des braconniers.

Piége permanent, les fils télégraphiques

---

(1) A. D'HOUDETOT : *le Chasseur rustique*, p. 180. — Paris 1862. CHARPENTIER.

(2) H. SCLAFER ; *la Chasse et le Paysan*, p. 188.

détruisent beaucoup de gibier ; « Un grand
nombre de perdrix, de bécasses, de canards,
(on cite même des oies), se heurtent, se
blessent et se tuent contre ces fils, plus
destructeurs à eux seuls, les jours de brouillard,
que tous les maraudeurs de la ligne. » (1).
Ils sont aussi les auxiliaires du braconnier qui,
tournant au loin les compagnies, les pousse
vers le chemin de fer, et ramasse des éclopés
et des morts chaque fois qu'il recommence
sa manœuvre. Ce genre de braconnage,
très difficile à réprimer, et malheureusement
très destructeur, devient d'un emploi très-
fréquent, et a déjà été signalé il y a quelques
années, par un habile chasseur de St-Quentin,
Monsieur Azambre. (2).

Quel remède y a-t-il contre ces deux causes
de la diminution du gibier ? On ne peut
supprimer les chemins de fer, mais ils ne
produiront plus des effets aussi fâcheux, si l'on
adopte la méthode du plombage du gibier, qui
aura pour résultat d'enrayer presque complé-

---

(1) A. D'HOUDETOT ; *le Chasseur rustique*, p 180.

(2) *La Chasse illustrée*, deuxième année.

tement le colportage illicite. Quant aux fils télégraphiques, il est permis de souhaiter que les Compagnies adoptent, dans l'avenir, des télégraphes souterrains, ainsi que cela est pratiqué dans Paris. Et cette mesure que nous demandons dans l'intérêt de la chasse, n'a rien d'extraordinaire ou d'irréalisable, comme on pourrait le croire. Des savants en réclament également l'application à un tout autre point de vue, dans le but d'assurer la régularité de la transmission des dépêches par les temps d'orage. On s'en convaincra par le passage suivant que nous citons textuellement :

« Tant que des lignes souterraines, et par conséquent à l'abri des tempêtes, n'auront point été substituées aux lignes aériennes, le service de cette importante administration restera exposé à des interruptions graves et auxquelles il est difficile de remédier........ Le seul obstacle qui s'oppose à la substitution des fils souterrains aux fils aériens est une différence de prix, fort grande, il faut l'avouer; car un kilomètre de dix fils souterrains nécessaires pour un service complet coûterait à peu près huit mille francs. Cependant, si l'on réfléchit que chaque fil peut passer en moyenne cinquante dépêches par jour, on voit que le grand capital employé à rendre souterraines toutes les grandes lignes. produirait un intérêt considérable. L'Etat fait parfois des affaires moins fructueuses. » (1).

(1) S. H. BERTHOUD : les Petites Chroniques de la Science, tome I. p. 5. — Paris 1865. GARNIER frères.

LE MORCELLEMENT
DE LA PROPRIÉTÉ.

———

« La raison qui fait que, de nos jours, la France est
« un pays perdu pour la chasse, est celle-ci : le
« morcellement de la propriété est mortel au gibier,
« et le territoire français est divisé en douze millions
« de parcelles. »

(A. TOUSSENEL : Tristia, p. 322.)

Il est encore une dernière cause de la
diminution du gibier : Le morcellement de la
propriété a pris des proportions infinies ; le
sol est divisé en une immense quantité de
petites parcelles, et c'est là pour le braconnage,
une grande cause de succès. Toute grande
propriété se trouve aujourd'hui entourée de
petites, et voici alors ce qui se passe. Le
grand propriétaire élève du gibier, peuple
son domaine ; mais ce gibier, insoucieux des
limites, va souvent prendre sa nourriture dans
les champs voisins, où d'ailleurs on l'attirera
perfidement au besoin, en ensemençant le sol

des graines qui lui plaisent le plus. Et alors
on le tue, sans que personne ait rien à
objecter. Je vais citer un exemple à l'appui
de ce que j'avance.

Le Prince de Croÿ possède, près de Condé-
sur-Escaut, une magnifique propriété, *l'Hermitage* ; mille hectares de bois environ et d'un
seul tenant, sont massés autour du château.
Il y a quelque vingt-cinq ans, ces bois n'étaient
peuplés que par de rares lapins, et l'on ne
comptait aucun chasseur dans les villages qui
les entourent. Mais le prince de Croÿ aime la
chasse, il voulut avoir un plus noble gibier à
offrir à ses invités, et il introduisit dans la
forêt le chevreuil et le faisan. Cette tentative
réussit merveilleusement, mais aussi elle éveilla
la passion du braconnage chez le paysan.
Celui-ci ne voulut plus louer au prince la chasse
sur les milliers de petites pièces de terre qui
entourent le bois de *l'Hermitage*, dès qu'il
comprit tout le bénéfice qu'il pouvait tirer de
sa position. Et alors à l'exemple des paysans
de Rambouillet et de Fontainebleau, (1) il

(1) E. CHAPUS, *les Chasses princières*, p. 150. — Paris, 1853,
L. HACHETTE.

commença par demander de grosses indemnités pour les dommages causés à ses récoltes
par le gibier du prince, et il résolut ensuite,
non content de ces indemnités, de s'approprier
les chevreuils et faisans qui s'aventureraient
sur ses terres, tirant ainsi deux moutures d'un
même sac. (1). On vit un braconnier, posses-
seur de quelques ares sur la lisière du bois,
creuser un trou dans son champ, s'y blottir
après avoir préalablement jeté du sarrasin et
de l'avoine sur le sol aux alentours, et
massacrer annuellement de cette façon plus
de cent faisans, sans que les gardes pussent
rien lui dire, car il était en règle avec la loi,
étant sur son terrain, ayant un permis et ne
chassant que le jour. On vit, lorsque le
prince donnait une chasse, tous les braconniers
du pays, postés chacun sur leur héritage, et
guettant à la sortie du bois, lièvres, faisans et
chevreuils. On vit enfin le nombre des permis
de chasse augmenter dans d'incroyables proportions. Bientôt, d'ailleurs, tous ces chasseurs
ne se contentèrent plus de la chasse de jour,

(1) ELIE BERTHET ; *le Garde-Chasse*, p. 7 « L'indemnité consolait les
victimes des déprédations, mais ne les vengeait pas ; or, le paysan est
essentiellement rancunier et vindicatif : Aussi la plupart des habitants du
pays se firent-ils braconniers. »

ils allèrent à l'affût la nuit, et devinrent de très dangereux personnages, car ils avaient puisé dans l'habitude de la contrebande des instincts mauvais, et craignaient fort peu les agents de la force publique. On sait, et eux-mêmes prennent soin de dire comment ils procèdent, qu'ils vont à l'affût cinq ou six réunis : un seul, désigné par le sort, tirera le chevreuil, les autres réserveront leur feu pour les gardes s'ils ont l'audace d'intervenir. Chaque nuit plusieurs bandes opèrent sur des points divers, et les gardes sont impuissants à empêcher ces délits. Aussi Condé était la ville de France où l'on trouvait, il y a quelques années, le gibier au plus bas prix. Depuis, il n'en est plus ainsi, parce que tout est expédié directement sur Paris.

Voilà où mène le morcellement infini de la propriété, et il y a assurément de quoi décourager les propriétaires qui seraient tentés de faire des dépenses pour repeupler leurs domaines ; mais ces inconvénients sont annulés par le système proposé plus loin, et qui consiste à attribuer à la commune le droit de chasse sur toutes les petites parcelles de terre.

En résumé donc, nous pouvons dire ceci. Le gibier diminue, pour plusieurs causes, mais surtout parce que les chasseurs braconniers sont trop nombreux, et ont toute facilité de faire de leur profession une industrie lucrative : C'est de ce côté que doivent se porter les efforts du législateur. Si l'on pouvait éloigner du braconnage les habitants des campagnes, la morale y gagnerait, et eux-mêmes s'en trouveraient mieux. Nous allons exposer le système que nous proposons pour atteindre ce but. S'il est admis, le nombre des braconniers diminuera ; les produits de la chasse seront plus considérables, tant pour l'Etat que pour les communes ; les chasseurs conservateurs, protégés par la loi, pourront s'occuper à détruire les animaux nuisibles, feront couver les œufs mis à découvert par les fauchaisons précoces ; le gibier se multipliera en paix ; l'alimentation publique enfin profitera de ces ressources nouvelles. et pourra se dispenser de recourir aux importations d'Allemagne.

DEUXIÈME PARTIE

—

PROJET

D'UNE NOUVELLE LÉGISLATION

« Pourquoi les propriétaires ne s'associent-ils pas
« pour vendre le droit de chasse au profit de la commune?
« Pourquoi les chasseurs ne s'entendent-ils pas à leur
« tour pour prendre à ferme l'exploitation de la chasse,
« pour payer le salaire d'un ou deux gardes, et protéger
« le gibier contre le braconnage ?...... Si les Allemands
« ont dix fois plus de gibier que nous, c'est qu'ils
« prennent des mesures contre le gaspillage et la des-
« truction. »

(E. ABOUT ; *le Turco*, p. 259). — Paris, L. HACHETTE.

En matière de chasse, il est un principe qui
de tout temps a été admis par les diverses
législations qui se sont succédées ; c'est que le
droit de chasse est un démembrement du droit
de propriété : que, dès lors, un propriétaire doit
pouvoir chasser sur ses terres, car ce n'est là
qu'un des nombreux modes de jouir de la chose
qui lui appartient. Toutefois ce principe absolu
en théorie, subit d'assez graves atténuations dans
la pratique. Ainsi, on interdit à ce propriétaire
la chasse, jusqu'au jour où il convient au préfet
de la lui permettre ; on la lui défend quand il
neige, et pendant la nuit ; il n'emploiera ni

levriers, ni ce que l'on appelle engins prohibés ;
il devra se munir d'un permis délivré moyennant
finance par l'administration. Enfin, les entraves
diverses apportées au libre exercice de ce droit
qu'on lui reconnaît, en amoindrissent considérablement la substance. Et je m'empresse de dire
que, dans l'état actuel des choses, je les considère comme nécessaires et indispensables, car
c'est à elles que l'on doit la conservation du
peu de gibier qui existe encore dans nos campagnes : mais je vais plus loin, et je les déclare
insuffisantes, ce qui sera facile à démontrer.
Oui, la loi de 1844 n'est plus à la hauteur de
la situation ; d'une part parce qu'elle rend la
chasse possible à ceux qui, n'ayant aucune
propriété, jouissent de la propriété des autres
qui n'ont point la force de s'opposer à cet abus ;
parce que, d'autre part, elle conserve à certains
propriétaires un droit illusoire entre leurs mains,
mais qui pourrait être utilisé autrement. Je vais
expliquer comment je voudrais essayer de résoudre ces difficultés, par quels moyens, et pour
quels motifs.

En effet, transportons-nous dans une commune
quelconque, et voyons comment les choses s'y

passent aujourd'hui, en laissant de côté pour le moment les braconniers non munis de permis de chasse, car ceux-là sont des malfaiteurs même aux yeux de la loi ; ne nous occupons ici que de ce que l'on peut faire publiquement, du braconnage qui peut s'exercer sans répression pour ainsi dire. Dans cette commune donc, dix, vingt chasseurs se munissent de permis. Presque tous ont besoin que la chasse soit assez productive pour compenser leurs dépenses, et la perte d'un temps qu'ils pourraient mieux utiliser. Aussi, ils s'entendent avec des marchands de gibier dont ils deviennent les fournisseurs. Les coconniers, les marchands de chiffons serviront entre eux d'intermédiaires, et passeront à cet effet deux ou trois fois par semaine devant la porte de nos chasseurs. Ceux-ci devront donc employer activement leur temps, s'ils veulent que leur métier soit lucratif. Aussi, voyez-les partir dès le lever du soleil, ne rentrer qu'à la nuit close, recommencer le lendemain et les jours suivants ; marcheurs infatigables, rien ne leur échappera, pas même les pigeons du fermier, pas même la poule du petit ménager, s'ils peuvent les glisser sans être vus dans leur sac. Ils savent le nombre des lièvres du canton, et ils chercheront patiemment à les tuer tous, ce à quoi ils ne parviendront que trop ; ils savent aussi où la veille se sont couchées les perdrix, et ils vont les surprendre au lever. Ils ont pour auxiliaires tous les enfants du pays, auxquels ils savent à l'occasion donner quelques sous. (1) Enfin, ils auraient devant eux la dernière pièce de gibier du département, que sans souci des années suivantes, ils n'hésiteraient point à l'abattre ; ils ne respectent pas, inutile de le dire, les hases pleines ou les perdrix accouplées, à une époque de l'année où les hostilités devraient être suspendues. (2) Je n'entreprendrai pas de raconter ici leurs ruses, leur patience tenace, leurs habitudes d'affût, il faudrait pour cela des volumes ; mais chacun

(1) J'en connais un, habitant le canton de Marquion près d'Arras, qui agit de la manière suivante : Voici comment il paie les services qu'on lui rend. Un enfant vient lui dire qu'il sait où il y a un lièvre, ou une compagnie de perdrix, et le guide S'il approche assez pour tirer et tuer, il donne cinq sous à l'enfant ; s'il tire, mais ne tue pas, il donne deux sous ; enfin, si le gibier part avant qu'il puisse tirer, il ne donne rien. Les enfants ont donc tout intérêt à le bien guider, et leur grande occupation pendant la saison de chasse, est de rechercher le gibier.

(2) LÉON DE THIER ; *la Chasse au coq de bruyère*, p. 135. — Paris 1860 E. DENTU. « On ne saurait recommander aux gardes trop de surveillance aux mois de février et mars. Ce renard à deux jambes, cette fouine humaine qui cache sous sa blouse son vieux fusil démonté, ses nœuds coulants et ses bricoles de meurtre, le braconnier enfin est plus à craindre pour le gibier que toutes les bêtes puantes des forêts. »

les a vus à l'œuvre, et sait qu'un seul de ces hommes suffirait en peu de temps à dépeupler le canton le plus giboyeux. Sont-ils du moins propriétaires des terres qu'ils exploitent ainsi ? Pas le moins du monde : le plus souvent ce sont des ouvriers, ils ne possèdent pas un quart d'hectare de terrain, et sont ainsi la négation de ce principe, que la chasse est un attribut de la propriété. Mais les fermiers du village les craignent, et n'ont pas l'audace nécessaire pour leur défendre de chasser sur leurs marchés, tout en les maudissant tout bas, car ils laissent derrière eux une longue trace de destruction, trèfles foulés aux pieds, avoines secouées, bette-raves déracinées ; mais les petits ménagers n'oseraient pas leur interdire l'accès de leurs terres, bien qu'ayant ensuite d'énormes dégâts à déplorer. Et d'ailleurs, supposons que, poussés à bout, nos fermiers, nos ménagers, veulent écarter le braconnier de leurs biens, comment pourront-ils faire ! Ils ne prendront pas un garde particulier, car le remède coûterait plus cher que le mal. Et quant au garde champêtre il y a peu à compter sur son aide, nous l'avons déjà dit. Est-ce qu'il n'a pas autre chose à faire que de suivre des chasseurs dans les champs? Peut-il les suivre tous, d'ailleurs? Et puis, ne sait-on pas bien qu'il aimera souvent mieux détourner la tête, et changer de route, plutôt que d'avoir à constater un délit commis par un ami du maire, par le parent d'un conseiller, ou peut-être même, *horresco referens*, par un de ces respectables magistrats municipaux? Ah! si du moins ce délit était commis par un étranger, par un citadin égaré, comme on se vengerait sur lui de l'impunité qu'on n'ose refuser au braconnier, et comme il paierait pour celui-ci! Le maire et le garde, le fermier et le ménager, leurs ouvriers et leurs enfants, tous se lanceraient à la poursuite du *bourgeois*, et seraient heureux de le faire condamner. (1) Mais, au braconnier, on laisse toute latitude, parce qu'il est du village, et que l'on n'ose pas faire autrement. Il chasse partout où cela est permis, et à l'occasion il ne dédaigne pas les réserves ; il trouve tous les ouvriers des champs disposés à lui indiquer la remise du gibier, à lui dire sur quel point le garde se trouve ; et

(1) PONSON DU TERRAIL ; *les chiens de chasse*. p. 57. — Paris, 1863. AMYOT. « Le paysan hait le chasseur, non pas parce que chiens ou chevaux peuvent commettre chez lui quelques dégâts, mais parce que le chasseur est *bourgeois*.

sa parfaite connaissance du pays le mettrait à
même d'échapper facilement aux poursuites des
agents de l'autorité, si, par un zèle intempestif,
il leur prenait fantaisie de le surveiller. Ainsi,
c'est lui qui jouit de la chasse sur tout un terroir,
par l'indifférence ou la crainte des uns, par la
complicité des autres. Par un singulier renver-
sement des principes, la chasse est devenue en
réalité l'apanage de ces chasseurs braconniers,
qui sont le cauchemar des agriculteurs. Si du
moins la commune retirait un avantage quelconque de cet abandon au profit de quelques-uns
des droits de tous, on pourrait peut-être y
donner les mains et l'approuver; mais elle n'a
que les dix francs que lui alloue la loi de 1844,
somme insignifiante en comparaison de ce que
le droit de chasse devrait produire. Ne serait-il
pas plus équitable, que celui qui veut jouir du
droit de chasse sur une commune paie à celle-ci
une redevance annuelle assez forte pour être
l'équivalent du dommage causé par lui aux
récoltes, et de la tolérance dont il est l'objet?
Tel est le but que je voudrais voir atteindre,
et voici comment on y parviendrait.

Comme chacun le sait, les cultivateurs ont

à penser à toute autre chose qu'au gibier, et
d'ailleurs, il ne faut pas craindre de le dire,
« le goût de la chasse a de graves inconvénients
pour un agriculteur, qu'il détourne de ses travaux
et à qui il fait prendre des habitudes nuisibles
aux intérêts de sa famille. « (1) Mais ils ont
à gémir de voir leurs récoltes foulées aux pieds
par la masse des chasseurs et des curieux qui
accompagnent ceux-ci ; cependant, ils n'ont ni
le courage, ni l'énergie nécessaires pour réprimer
par eux-mêmes ces abus. Qu'ils abandonnent à
un plus fort qu'eux, à la commune, leur droit
de chasse, dont ils ne jouissent pas par eux-
mêmes, et dont les autres tirent audacieusement
tout le profit. Que la loi, suppléant au besoin
leur inertie, déclare acquis à la commune, par
une sorte d'expropriation pour cause d'utilité
publique, le droit de chasse sur les terres d'une
minime étendue, et sur chacune desquelles prises
isolement il est absolument illusoire, mais dont
l'ensemble peut constituer une belle réserve.
Que la loi adjuge également à la commune le
droit de chasse sur les terres de ces propriétaires

(1) *Cours d'agriculture théorique et pratique;* t. I, p. 179. — Paris, 1823.
Huard et Déterville.

éloignés, qui n'en jouissent ni par eux-mêmes ni par un cessionnaire, et qui, mis en demeure de se prononcer, n'auraient pas manifesté l'intention de le conserver et d'en user. Enfin que les propriétaires ne restent nantis du droit de chasse que s'ils possèdent assez de terres pour que ce droit puisse être entre leurs mains une chose réellement utile, et non pas seulement un instrument de vexation. Il arrivera alors que, abstraction faite des grandes propriétés et en raison du morcellement presqu'infini des patrimoines, la commune se trouvera posséder le droit de chasse sur presque tout son territoire. Ce droit, mis en adjudication, trouvera facilement des preneurs, car de tous côtés on voit des amateurs chercher à louer des chasses et n'en point trouver, même à un haut prix. La commune aura là une ressource bien autrement importante que les dix francs qui lui sont alloués sur chaque permis de chasse ; et les cultivateurs verront leurs récoltes mieux respectées, ou sauront du moins à qui s'adresser pour être indemnisés.

Est-ce là un projet absolument nouveau, une chose inconnue et non encore sanctionnée par l'expérience? En aucune façon. Dans la Cham-

pagne, ce pays si pauvre, les communes ont
sagement vu qu'elles pouvaient se créer des
revenus avec la chasse. Il n'est pas aux environs
de Reims un village dont la chasse ne soit louée,
et louée cher. Ce qui se fait là par l'union
volontaire des propriétaires devrait être géné-
ralisé et devenir obligatoire; c'est ce que nous
demandons.

On pourrait m'objecter ici, qu'après avoir
admis comme règle fondamentale que le droit
de chasse est un démembrement du droit de
propriété, je cherche à porter une grave atteinte
à ce principe, en dépouillant de leurs droits
les possesseurs de terres de peu d'étendue,
tandis que je respecte ceux des gros propriétaires;
on dira encore, qu'en les forçant à payer un
loyer élevé peut-être, je veux rayer du nombre
des chasseurs au profit des autres ceux qui ne
sont pas riches. Il est assez facile de répondre à
tout cela. Je dirai d'abord que, si je parais faire
bon marché des principes, ceux-là qui veulent
autoriser tous les chasseurs les oublient aussi ;
car on ne doit, strictement, pouvoir chasser que
sur les terres dont on est propriétaire. Et,
puisque le droit de chasse est un démembrement

du droit de propriété, il faut, en principe rigou-
reux, avoir des propriétés pour être admis à
chasser, tandis que la grande majorité des
chasseurs ne possède rien, mais s'impose aux
cultivateurs. Et puis, la loi elle-même n'apporte-
t-elle pas, dans l'intérêt de tous, mille restrictions
à ce grand principe, restrictions dont nous
énumérions les principales en commençant la
seconde partie de cet ouvrage ? Pourquoi, faisant
un pas de plus en avant, ne déclarerait-elle pas
que le droit de chasse sur les très petites propriétés n'étant et ne pouvant être qu'entièrement
illusoire entre les mains de chacun en particulier,
elle s'en empare au profit de la commune, qui
alors, reliant en faisceau tous ces droits épars,
en forme un ensemble digne d'être amodié à un
haut prix ? Que perdront à cela ces petits propriétaires, des droits desquels on pourrait croire
que nous faisons bon marché ? Il est évident que
ce droit, purement nominal leur était inutile, car
réduits à chasser rigoureusement sur leur bien,
ils n'y trouveraient aucun gibier, et ils ont
d'ailleurs mieux à faire que de chasser. Ils
n'éprouveront aucun préjudice, mais gagneront
au contraire à cet arrangement, puisque la
commune va se créer ainsi une ressource impor-

tante, qu'elle ne devra pas demander à la bourse
de ses enfants, et au moyen de laquelle divers
travaux utiles pourront se faire. Quant aux
chasseurs peu fortunés, qui semblent n'avoir avec
notre système d'autre parti à prendre que
d'accrocher pour toujours leurs armes au manteau
de la cheminée, je dirai que, en fût-il ainsi, le
mal ne serait pas bien grand, car le temps perdu
à la poursuite du gibier pourrait être employé
par eux bien plus utilement dans l'intérêt de leurs
affaires, la chasse ne devant être raisonnablement
le partage que de ceux qui peuvent s'y livrer
sans que leurs travaux ou leur ménage en
souffrent. (1) Mais ils ne sont même pas réduits
à cette extrémité, puisqu'il leur reste la ressource
de l'association. Les chasses de Champagne,
dont je parlais tout à l'heure, se louent trop
cher pour une seule bourse ; mais dix, vingt
personnes s'associent, et la dépense, forte en
totalité, devient minime pour chacun. Les objec-

(1) L. DE CUREL : *Manuel du chasseur au chien d'arrêt*, p. 8. « La
chasse en France, est devenue une manie comme le cigare : elle a augmenté
en raison directe de la cherté de la vie, et de la diminution du gibier. Les
ouvriers, les artisans, les laboureurs, les marchands, ont moins de loisir
que jamais, et cependant, ils se précipitent avec fureur sur le délassement
qui demande le plus de loisirs, sur celui qui consomme le plus de temps et
d'argent. »

tions que l'on pourrait nous faire ne sont donc pas opérantes, et nous croyons pouvoir poser comme principe utile la règle suivante, qui est au fond l'expropriation pour cause d'utilité publique. Sera acquis à la commune le droit de chasse sur les terres d'une étendue trop minime pour que ce droit, considéré individuellement, puisse être de quelqu'utilité au propriétaire ; lui sera également acquis le droit de chasse sur des terres plus importantes, lorsque par son abstention et son silence le propriétaire pourra être considéré comme y renonçant à son profit.

Nous demandons que l'on attribue à la commune le droit de chasse sur les terres d'une minime étendue : mais quelle sera la limite précise qui déterminera cette attribution ? C'est ce que nous laissons au législateur le soin de décider. Toutefois, il nous paraît quant à nous que, pour qu'un propriétaire puisse réellement chasser sur ses biens avec quelqu'utilité, pour qu'une propriété territoriale ait quelque valeur au point de vue de la chasse, il faut que le même individu possède sur un terroir au moins cinquante mesures de terre, c'est-à-dire environ seize hectares ; et

encore, faut-il que ces seize hectares ne soient
pas trop divisés ; (1) car, supposons une
personne possédant seize hectares en vingt ou
trente pièces disséminées de côté et d'autre,
et ce n'est pas une supposition exagérée, si
l'on tient compte du morcellement considérable
de la propriété à notre époque. Cette personne,
sans sortir des règles fixées par la loi de 1844,
peut entraver et même rendre impossible la
réserve de la chasse d'une commune, son
territoire embrassa-t-il mille hectares et plus.
En effet, à chaque pas le chasseur, qui ne
connaitra pas aussi bien que le garde la
localité, sera exposé à tomber en contravention,
parce qu'il se sera par mégarde aventuré sur
une de ces vingt ou trente petites pièces de
terre. Une pareille chasse ainsi entravée, ne
trouverait pas d'adjudicataire sérieux, et cela
sans grand profit pour celui qui imposerait cette
perte à la commune : car la chasse lui serait
presqu'impossible à lui-même, et il n'aurait

(1 *Le Vœu national de Metz* a formulé, en 1859, une idée analogue,
mais il va beaucoup plus loin que nous, en demandant que le gouvernement autorise les communes à louer à leur profit toutes les terres de leur
ban, les morceaux de *soixante hectares d'un seul tenant* étant seuls
exceptés.

que le triste plaisir de s'opposer à une location utile à son village. Il y a donc lieu de
dire que celui qui possède réellement les seize
hectares que nous demandons, mais très
morcelés, doit être pour le plus grand bien de
tous assimilé à celui qui ne les a pas. En
résumé, la formule que nous proposerions
volontiers serait celle-ci : Toute personne qui,
sur une commune possédera assez de bien,
pour qu'en pièces de deux hectares au moins
chacune, elle arrive à parfaire au moins la
somme de seize hectares, conservera comme
par le passé la libre disposition du droit de
chasse sur lesdites terres ; le droit de chasse
sur toute terre ne rentrant pas dans cette
catégorie est acquis à la commune, qui devra
le mettre en adjudication.

Mais ce propriétaire à qui nous conservons
ainsi son droit de chasse, peut le voir d'un
œil indifférent, soit parce qu'il habite au loin,
soit parce qu'il ne chasse pas et qu'aucun
ami n'est son cessionnaire ; c'est donc entre
ses mains un droit illusoire, et dont l'abandon
serait profitable à tous. Il nous paraît en
conséquence équitable de lui faire savoir que

la commune va mettre sa chasse en adjudication, en le priant de faire savoir s'il entend
se prévaloir de son droit, ou s'il consent à
en laisser jouir la commune pendant la durée
du bail, sans préjudice de ses droits à l'expiration de ce bail. Et son silence pourrait
être interprété comme une cession tacite et
volontaire.

La commune est ainsi en possession du droit
de chasse sur la majeure partie de son territoire ; elle ne le possède probablement pas
sur la totalité, mais les pièces qui lui échappent
sont assez étendues pour être facilement
connues par les locataires de la chasse :
Elles devront d'ailleurs leur être désignées
clairement au moyen de poteaux, s'ils ne préfèrent pas recourir au cantonnement, comme
nous le dirons plus loin. La commune va
maintenant chercher à tirer de ce droit le
meilleur parti possible, et suivant le mode
le plus profitable. Elle peut le conserver, et
se borner à délivrer à prix d'argent des per-
missions momentanées, ainsi que cela se
pratique à l'égard des marais dans certaines
parties de la Picardie. Elle peut encore, et

selon nous, c'est le mode de beaucoup préférable, le mettre en adjudication publique, soit en un seul tout, soit en le fractionnant. Le seul guide en cette matière doit être celui-ci : Obtenir la location la plus élevée possible ; et les voies à employer pour atteindre ce but doivent nécessairement varier suivant les habitudes locales, suivant le nombre des amateurs, suivant l'étendue, la configuration et la nature du terroir. Mais il faut que l'adjudication ait lieu d'une manière bien publique, et à une époque déterminée assez longtemps à l'avance. Quelques mois avant la date fixée, les personnes auxquelles est conservée la libre disposition de leur droit de chasse seraient individuellement avisées des intentions de la commune. Elles seraient priées de faire savoir si elles entendent se réserver la chasse sur leurs terres, étant prévenues que leur silence sera interprété au profit de la commune, et étant ainsi mises en demeure de se prononcer au moins deux mois avant l'adjudication. Alors un mois avant cette adjudication, par la voie des journaux et au moyen d'affiches le public serait informé que la chasse est à louer sur telle commune. Il

serait dit, de combien d'hectares se compose
le terroir, quelles sont les terres sur lesquelles
les propriétaires se réservent leurs droits ; le
cadastre, mis à la disposition des amateurs,
achèverait de les renseigner. La loi aurait
soin de ne pas interdire aux fonctionnaires, aux
magistrats, aux maires de se porter adjudicataires, car ce serait écarter inutilement des
amateurs que leur position de fortune mettrait
à même d'élever leurs offres à une forte
somme (1) : Les conditions de publicité que
nous avons le soin de réclamer, écartent
d'ailleurs toute possibilité d'entraver les
enchères et d'éloigner les concurrents. Ajoutons
à cela que l'adjudication devrait avoir lieu à la
sous-préfecture, et qu'on observerait la plupart
des règles établies pour protéger la libre
location des chasses et pêches sur les propriétés
de l'Etat.

Il est évident que l'adjudication, ainsi faite,
versera de très utiles ressources dans la caisse
communale : On peut du reste s'en rendre

---

(1) Voir les prescriptions inutiles et même nuisibles, édictées par le
code forestier, article 21, et par la loi du 15 avril 1829, article 15 sur la
pêche fluviale.

compte par des résultats connus et positifs. Les
bureaux de bienfaisance et les établissements
hospitaliers louent leurs chasses deux ou trois
francs par hectare, en moyenne, dans le Nord ;
et il ne s'agit là que du droit de chasse, concédé
pour un temps assez court, sur des terres très
divisées en général : on peut juger par là du prix
que pourrait obtenir un ensemble de terres considérable offert à bail pour un long terme. En
Belgique, la chasse est louée presque sur chaque
pièce de terre : le prix minimum, même dans les
localités éloignées des grands centres de population, est rarement inférieur à un franc par
hectare ; mais près des villes, on obtient
facilement cinq ou six francs ; on arrive même,
dans certaines circonstances exceptionnelles, à
louer jusqu'à quinze, vingt et vingt-cinq francs.
En France, enfin, on peut encore prendre pour
termes de comparaison, les prix d'adjudication
du droit de chasse dans les forêts de l'Etat,
pour la période actuelle, de 1863 à 1872. Les
prix varient, suivant l'état giboyeux de ces
forêts, suivant le nombre et l'audace des
braconniers voisins ; mais l'adjudicataire paie
rarement moins de un franc par hectare, sauf
quelques exceptions tenant aux causes que nous

venons d'indiquer ; le prix moyen est de deux francs l'hectare ; les forêts giboyeuses, d'une garde plus facile, et situées non loin des grandes voies de communication, se sont louées à un taux bien plus élevé encore. (1) On peut juger par là du prix de location qu'atteindraient les chasses en plaine. Tout dépendrait évidemment des circonstances. Tel village serait connu pour un pays de braconniers, de voleurs de gibier ; on saurait que les ouvriers agricoles écrasent les œufs dans les nids, que la population y est hostile aux honnêtes gens, la chasse ne s'en louerait pas cher. Elle atteindrait au contraire une haute valeur pour la commune voisine, parce que l'autorité municipale y entraverait vigoureusement l'industrie des braconniers, parce que les cultivateurs empêcheraient la destruction des couvées parce qu'enfin la population aurait des instincts meilleurs.

En terminant, il est vraiment inutile de faire remarquer que ce projet de législation nouvelle n'est pas un retour, plus ou moins déguisé, aux droits féodaux ; bien au contraire, s'il est adopté,

(1) Voir la vie et la campagne, tome 8, p. 29 et 82, tome 9, p. 503, tome 10, p. 73, 276, 129.

la chasse cessera d'être l'apanage exclusif de quelques braconniers qui s'érigent en tyrans dans leurs villages, ils seront dépossédés d'un privilége auquel ils n'ont aucun droit. Et la chasse deviendra l'un des revenus de la commune : elle sera au plus haut offrant, c'est-à-dire à celui qui fera le plus de bien au pays.

« Le braconnier ne pense qu'à détruire, parce que la
« chasse n'est pour lui qu'un plaisir dérobé et dangereux;
« le vrai chasseur, qui se sent de la sécurité et un avenir
« de chasse, sait concilier son plaisir avec la conservation
« du gibier : il use sans abuser. »

(CLAMART ; *50 années de chasse*, p. 23).

Voici donc la chasse louée : les adjudicataires
en prennent possession pour un bail à long terme
et quelques chasseurs vont peut-être se voir dans
la nécessité de renoncer à prendre un permis de
chasse, s'ils n'ont pas eu le bon esprit de s'en-
tendre et de s'associer : la commune y perdra
les dix francs qui lui étaient alloués sur chaque
permis ; mais l'importance du prix de location
lui fera facilement oublier cette perte. Il faut
maintenant que nous examinions comment l'adjudicataire jouira de son droit, quelles entraves
doivent être apportées à la pratique du braconnage et ce que l'Etat doit faire à l'égard du
permis de chasse, au port d'armes.

Nous avons dit que la commune, mettant en
adjudication sa chasse, ne posséderait peut-être
pas ce droit sur tout son territoire. Cela arrivera

la plupart du temps, et pourrait être un obstacle
sérieux à l'amodiation, car une chasse coupée
par des pièces réservées perdrait toute sa valeur.
Mais il est un moyen de parer à cet inconvénient,
c'est le cantonnement. Un homme possède sur
le terroir vingt hectares, je suppose, en diverses
pièces éloignées les unes des autres ; il s'est
réservé ses droits et veut en user : C'est ici que
le cantonnement sera utile. Des experts attri-
bueront à cet homme une certaine portion de
terroir équivalente à sa propriété, portion d'un
seul tenant, bien entendu ; l'adjudicataire et lui
y trouveront profit, car chacun aura ainsi son
territoire de chasse nettement défini, et pourra
y faire ce que bon lui semblera sans avoir de
démêlés avec ses voisins. Le cantonnement, soit
fait à l'amiable, soit déterminé par experts
compétents et choisis par le juge-de-paix, nous
paraît être la meilleure manière d'éviter les
procès et les discussions, si nombreux d'ordinaire
en matière de chasse. Et de même que les
propriétaires indivis peuvent réclamer le partage
nous voudrions que, lorsqu'il y a conflit entre
divers droits de chasse voisins, le cantonnement
fût de droit et pût toujours être demandé. Les
droits de chacun seraient ainsi clairement établis ;

autant que possible, la part de chaque chasseur
serait limitée par des routes, rivières, canaux
ou voies ferrées ; et de plus, des poteaux indi-
cateurs seraient placés à chaque angle de terrain.
de manière à ce qu'il n'y ait plus de réserves
latentes, et que la situation soit nettement définie
aux yeux de tous. Grâce aux poteaux et au
cantonnement, nul ne commettra de délit invo-
lontaire, et le chasseur trouvé sans permission
sur le terroir d'autrui n'aura aucune excuse à
alléguer.

Comme conséquence de tout ce que nous avons
établi jusqu'ici, nous pouvons dire que, toute
chasse étant désormais chose louée, il faut consi-
dérer le gibier qu'elle nourrit et qui l'habite
comme la propriété de l'adjudicataire. En effet,
le gibier quitte peu le canton qui l'a vu naître ;
le lièvre fait son gite toujours dans la même
contrée. s'il y est tranquille, et chaque nuit les
compagnies de perdrix recherchent leur lit pré-
cédent. Et il est positif qu'une chasse d'une
moyenne étendue est habitée par une certaine
quantité de gibier qui y trouve sa nourriture et
n'en sort jamais. Sauf cependant celui qui a fixé
sa demeure près des limites. Là, il y aura sans

doute des lièvres, des perdreaux, qui seront tantôt chez l'un, tantôt chez l'autre des propriétaires voisins; mais qu'importe? Lorsque ce gibier se trouvera sur mon terrain, il sera à moi; il ne m'appartiendra plus lorsqu'il sera chez mon voisin, qui en sera à son tour propriétaire. Mais, de façon ou d'autre, il aura toujours un maître, et celui qui s'en emparera par fraude commettra un *vol*.

Le droit romain, au contraire, et d'après lui presque tous les auteurs modernes, considère le gibier comme *res nullius*, comme une chose dont la prise de possession est le seul moyen d'en devenir propriétaire. Je comprends cela parfaiment, lorsqu'il s'agit de bêtes sauvages parcourant un désert, de poissons cachés dans les profondeurs de la mer; dans ces circonstances, j'admets très volontiers que la prise de possession d'un animal qui jusque-là n'appartenait à personne, qui est aujourd'hui ici et demain ailleurs, sera la seule manière possible d'en acquérir la propriété. Mais lorsque je loue la chasse d'un village, et que je la paie proportionnellement à ce que j'y vois de gibier; lorsque ce gibier se nourrit dans ma réserve, ne la quitte presque pas, y élève une nouvelle famille qui y restera également, je n'admets pas que l'on puisse venir me dire : Ce gibier n'est pas à vous, il est au premier occupant; et le braconnier qui s'en emparera commettra peut-être un délit *sui generis,* mais non un vol. » Mon esprit se refuse à admettre cela, et on ne me convaincra pas en m'opposant un texte latin fait pour d'autres circonstances de temps et de lieu. A Rome, rien de mieux ; chez nous, il faut autre chose, et la loi romaine ne suffirait pas à empêcher le braconnage. (1) Il faut

(1) Les chasseurs qui voudront étudier à fond la question de la propriété du gibier, question si intéressante, mais dont le complet développement nous entraînerait trop loin, pourront notamment consulter les ouvrages suivants :

AUBRY et RAU ; *cours de droit civil français*, tome 2, paragraphe 20,

BONJEAN ; *Traité de la chasse*, tome 1.

BOURGUIGNAT ; *Traité du droit rural*, p. 53.

BOUTEILLER ; *Somme rurale* livre 1, titre 36.

CASSATION ; arrêts des 13 août 1810, 23 juin 1843, 28 avril 1862, etc.

F. CASSASSOLES ; *Guide du chasseur au chien d'arrêt*, p. 326.

CHARDON ; *du droit de chasse*, p. 337.

La chasse illustrée ; Passim.

CUJAS ; *Observations*, tome 1.

DALLOZ ; *Répertoire*, V° *chasse*, n° 172.

DELVINCOURT ; *code civil annoté*, tome 1.

DEMANTE ; *cours analytique du code Napoléon*, tome 3, n° 11.

DEMOLOMBE ; *Traité des successions*, tome 1, n° 23.

DIGESTE ; livre 41, titre 1.

DUCAURROY ; *Institutes expliquées*, livre 2.

DURANTON ; *cours de droit français*, tome 4, n° 283.

absolument poser en principe que le gibier est la propriété de l'adjudicataire, comme production de l'espace de terrain par lui loué, comme objet direct et unique de son contrat. Dès lors, nombre de chasseurs qui considèrent aujourd'hui comme une simple plaisanterie le fait d'aller tuer le gibier du voisin, y regarderont à deux fois, lorsqu'ils sauront que la loi ne fait pas de distinction entre le braconnage et le vol, et cette seule pensée suffira à les maintenir dans la limite de leurs droits.

Mais ce ne serait guère la peine de déclarer le braconnage un vol, si l'on n'édictait pas des

Institutes, livre 2, titre 1, paragraphe 12,

Journal des chasseurs, 30e année, p. 11, 132, 321, etc.

LAVALLÉE et BERTRAND ; *Vade mecum du chasseur*, p. 17.

LEVERRIER DE LA CONTERIE : *Ecole de la chasse au chien courant*, p. 118.

V. MARCADÉ : *cours de droit civil français*.

MERLIN ; *Répertoire*, V° *gibier*, n° 3.

PETIT ; *Traité du droit de chasse*, tome 1, p. 13.

POTHIER ; *Traité du domaine de la propriété*, n° 21.

PROUDHON ; *Traité du domaine de la propriété*, tome 1, n° 385.

PUFFENDORF ; *du droit des gens*, livre 1, ch. VI, n° 10.

SOREL ; *du droit de suite*, n° 41.

TOULLIER , *le droit civil français*, tome 4, n° 7.

TOUSSENEL : *Tristia, passim*.

VILLEQUEZ ; *du droit de chasse sur le gibier*, p. 18.

VOET : *Ad pandectas*, livre 1, titre 1 paragraphe 12.

pénalités spéciales. En effet si on l'assimilait au vol de récoltes, on se trouverait en présence de peines pouvant être abaissées jusqu'à des limites infiniment petites en vertu de l'art. 463 du Code pénal, et les tribunaux ne sont que trop portés à l'indulgence envers les braconniers. Il faut éviter cela, dire que l'article 463 ne sera pas applicable au braconnage, et modifier la loi de 1844 en ce qui concerne les pénalités.

L'amende déterminée par la loi actuelle ne peut être moindre de seize francs, ni supérieure à cent francs, pour la chasse sans permis, pour la chasse sur le terrain d'autrui, pour la destruction des couvées : Presque toujours, le minimum est appliqué, et pourtant, que de dégâts a souvent commis un braconnier avant d'être surpris par les agents de l'autorité ! Et de plus, s'il est insolvable, la condamnation lui est parfaitement indifférente. Il faut que désormais le minimum de l'amende soit élevé à cent fr., et que toujours on ajoute à cette amende quelques jours de prison, six jours au moins. Quant au maximum des condamnations, peu importe, car jamais il ne sera appliqué.

La peine devra être très sensiblement aggravée

lorsqu'il s'agira de délits commis la nuit, à l'aide d'engins prohibés, par une association de braconniers, etc. Ici, la loi de 1844 édicte une amende de 50 à 200 f., et un emprisonnement facultatif de six jours à deux mois. Il est certain que cette condamnation, même en supposant le maximum appliqué, est insignifiante, s'il s'agit par exemple de l'enlèvement nocturne de tout le gibier d'un terroir, ce qui n'arrive que trop souvent. Le minimum de l'amende devrait être de deux cents francs au moins, le minimum de la prison de deux mois, et avec obligation pour les tribunaux de prononcer la condamnation à l'emprisonnement et à l'amende à la fois. (1).

Il ne suffit pas d'entraver le braconnage, il faut aussi punir plus sévèrement le colportage et la vente illicites du gibier ; en surveiller l'entrée dans les villes ; pratiquer des visites domiciliaires fréquentes chez les marchands,

---

(1) E. BLAZE : *le chasseur conteur*, p. 189. « Aujourd'hui que les lois tolèrent le braconnage, puisqu'elles ne le punissent pas, il existe dans Paris une Société anonyme qui exploite en grand les perdreaux et les lièvres. Chaque nuit, le directeur envoie ses détachements, là où ses agents lui ont dit qu'on pouvait travailler avec espoir de succès. Des centaines de femmes sont occupées toute l'année à faire des filets. La compagnie approvisionne la halle : elle a ses commis, ses livres, ses dividendes, et chacun reçoit à la fin du mois le prix de son honorable service. »

restaurateurs, fabricants de conserves, lesquels, en cas de délits devraient être condamnés sévèrement, et subir de telles amendes que leur bénéfice fût réduit à néant. Il faudrait que les fonctionnaires ne soient pas les premiers à donner l'exemple du mépris des lois. (1) Il faudrait enfin que personne n'achetât le gibier volé : Ce remède seul serait plus efficace que tous les autres. Malheureusement, personne n'éprouvera de scrupule, tant que quelques acheteurs n'auront pas été condamnés comme complices de vol ; il faudra agir rigoureusement, pour faire comprendre au public qu'acheter sciemment du gibier volé, est aussi coupable que de le voler soi-même. (2).

(1) *Extrait d'un discours prononcé au Corps législatif le 11 mars 1861, par M. le MARQUIS D'HAVRINCOURT.* « Je fais appel à ceux d'entre nous, et le nombre en est grand, qui sont membres de Conseils généraux ; il est très rare que, lorsque les membres des Conseils généraux se réunissent au chef-lieu, ils ne trouvent pas à la table des fonctionnaires du gibier en temps prohibé. »

(2) *La Vie à la campagne*, tome 7, page 102. « En examinant l'état du gibier apporté sur le marché de Paris pendant les deux premiers mois de l'ouverture de la chasse, où les départements fournissent à peu près seuls l'approvisionnement, il est aisé de constater que les armes à feu ne contribuent que médiocrement à la destruction du gibier à plumes, les quatre cinquièmes de ce gibier étant pris au panneau. Il est malheureusement vrai aussi que le commerce accorde une préférence marquée à ce gibier, comme étant en meilleur état, et se conservant plus longtemps. C'est donc le braconnage qui contribue le plus à l'approvisionnement. »

De bons esprits ont encore proposé une autre mesure fort utile : il faudrait que tout gibier colporté par un marchand, ou exposé en vente, ait une marque indiquant sa provenance. Un plomb pendu à la patte porterait l'estampille du vendeur primitif, et ne pourrait être apposé que par un propriétaire de chasse. Je me borne à rappeler ici cette idée du plombage du gibier : elle ne m'est pas personnelle, mais je la crois bonne, et appelée à rendre de grands services à la chasse honnête.

Il est évident aussi que, dans notre système, la surveillance du braconnage sera infiniment plus facile que par le passé ; il faudra moins de gardes, et par conséquent les chasses se loueront plus cher. D'abord, grâce au cantonnement, plus de chicanes entre voisins, mais au contraire des limites faciles à connaître et à respecter, ce qui amènera forcément de bons rapports et une entente amicale entre des hommes qui eussent peut-être été sans cela des ennemis acharnés. Il suffira au garde d'un coup d'œil pour inspecter son triage, tandis qu'aujourd'hui il faut suivre un chasseur pas à pas : ici il peut chasser, là il ne le peut plus ; le garde court, et lorsqu'il arrive, son antagiste se trouve sur un terrain où il est dans son droit, et ainsi de suite. Désormais, notre système étant adopté, ne seront coupables de délits que ceux qui le voudront bien. A ceux-là qu'on inflige des punitions sérieuses, et ils seront vite dégoûtés de leur métier.

Quelle durée convient-il d'assigner aux baux de chasse consentis par les communes? Un bail de neuf années serait évidemment trop court, car il faut au moins trois ans pour repeupler à peu près un terroir; et pendant ce temps, l'adjudicataire devra s'abstenir de chasser, tout en payant néanmoins le prix de la location et le traitement de ses gardes : il ne commencera à jouir de son œuvre que la quatrième année. Il est donc de toute justice, et de l'intérêt bien entendu des communes, de lui consentir un long bail, de dix-huit années par exemple; ce n'est qu'à cette condition qu'il pourra s'occuper sérieusement du repeuplement. Il faut aussi le laisser jouir de la chose louée comme bon lui semblera, avoir autant d'invités ou de sous-locataires qu'il le voudra; il ne faut pas, enfin, lui imposer ces ridicules entraves qui figurent encore aujourd'hui dans les concessions de chasse faites par l'administration forestière. Cependant comme il est indispensable que le gibier ne disparaisse pas entièrement à l'expiration du bail, il sera bon de prendre quelques mesures à cet effet, comme, par exemple, d'interdire les battues pendant la dernière année de jouissance : sauf bien entendu le cas où l'adjudicataire ancien continuerait sa possession pendant une nouvelle période par un nouveau bail; et, pour que cela puisse se faire, l'adjudication devrait avoir lieu une année au moins avant l'expiration des dix-huit ans.

Une autre mesure utile consisterait à prendre, pour l'adjudication de la chasse sur des terrains voisins, des dates éloignées de deux ou trois ans l'une de l'autre : de cette manière, le gibier ne disparaîtrait point partout en même temps, et le repeuplement s'opérerait de lui-même. On arriverait également au même résultat, en décidant que pour la première fois, la durée des baux dans un arrondissement serait par exemple de 17 ans pour un tiers des communes, de 18 ans .pour un second tiers, de 19 ans pour le dernier tiers, et un tirage au sort déciderait la question. Du reste, ce résultat sera peut-être atteint tout naturellement ; car il est certaines communes sur le territoire desquelles la chasse est actuellement louée : il est évident qu'elle ne pourra être adjugée de nouveau qu'à partir du jour où ces droits acquis seront périmés.

Désormais, il sera parfaitement inutile que l'autorité préfectorale intervienne pour déterminer l'ouverture ou la fermeture de la chasse pour l'interdire en temps de neige, etc : à quoi bon, en effet ? L'intérêt de l'adjudicataire sera là, pour l'empêcher de chasser trop tôt ou trop tard, et sera pour lui un plus sûr guide que l'autorité administrative. En effet, cette détermination par le gouvernement de l'époque à partir de laquelle on peut chasser, par exemple, est très utile sous la loi de 1844, avec ces innombrables chasseurs qui détruiraient sans cela tout le gibier à une époque où il serait trop faible encore pour les fuir. Mais du jour où toute chasse aura une étendue suffisante, et appartiendra à un seul chasseur qui n'aura pas à craindre d'épargner le gibier pour un rival, les choses se passeront autrement, se passeront beaucoup mieux, et il n'y a vraiment pas lieu de s'en étonner, car la loi contient forcément des dispositions dont les conséquences sont mauvaises. C'est ainsi que, dans le Nord, par exemple, la chasse est ouverte vers le premier septembre de chaque année, et pour tous les gibiers à la fois : il en résulte que le chasseur ne trouve plus de cailles, tandis que quinze jours plus tôt il en eût peloté des quantités considérables; d'un autre côté, il est autorisé à tuer le lièvre, et par malheur presque toutes les hases sont pleines à cette époque. (1) Supposons au contraire notre système adopté, et le chasseur laissé libre de suivre ses inspirations. Son intérêt et la saison le guideront seuls. Il tuera la caille en août, la perdrix en septembre, le lièvre et le faisan un mois plus tard ; agissant ainsi, il ménagera ses jouissances, chassera plus longtemps, et ne détruira pas mal à propos. Il n'entrera pas trop tôt en campagne, pour ne pas manger son bien en herbe, et ne pas dévaster les récoltes, ce qui l'exposerait à de légitimes demandes d'indemnités ; et d'un autre

(1) Jules de C....; *chasses et voyages*, p. 323. « Par une singulière fatalité, le lièvre engendre une première fois en janvier et février, et une autre en août et septembre, de sorte que, la chasse étant ouverte à ces deux époques, on détruit une énorme quantité de levrauts, et de femelles pleines, ce qui est bien pis »

côté, de lui-même, dès le mois de janvier, il laissera les perdrix s'accoupler en paix, et ne s'occupera plus que de détruire les mâles surabondants, de diminuer le nombre des animaux nuisibles. (1) C'est pourquoi nous insistons pour que le chasseur, sauf des restrictions pour la dernière année de son bail si cela est jugé nécessaire, soit libre de chasser quand et comme il le voudra.

De même, nous demandons que l'on supprime l'interdiction de chasser lorsqu'il y a de la neige sur le sol, ce qui n'a plus d'inconvénient avec notre système de location, mais ce qui donnait auparavant lieu à bien des chicanes sur la question de savoir s'il y avait ou s'il n'y avait pas trop de neige pour se permettre de chasser. Pendant l'hiver les adjudicataires ne feront plus guère en plaine que des battues : qu'importe, pour ce genre de chasse, qu'il y ait ou non de la neige ?

Disons-le incidemment, la battue n'est point

(1) R. CABARRUS ; *les Animaux des forêts*, p. 160. « Dans l'intérêt de la multiplication des perdrix, il est important, afin que les couvées réussissent, de détruire avant le moment de la pariade un certain nombre de mâles, qui sont toujour plus abondants que les femelles »

une méthode de chasse aussi destructive qu'on
le croit dans les pays où elle n'est pas pratiquée
fréquemment comme dans le Nord, elle est même
très utile au point de vue que voici. Il est
constant que, au départ d'une compagnie de
perdrix, les mâles prennent toujours la tête de
la colonne, et sont suivis par les femelles :
aussi en septembre les chasseurs en plaine
tuent-ils beaucoup plus de femelles que de mâles,
ce qui est très fâcheux au point de vue de la
reproduction. Mais heureusement on rétablit
l'équilibre par les battues. En effet, lorsqu'une
compagnie passe aux chasseurs, ceux-ci visent
instinctivement en tête de la bande, ils tuent
donc presque toujours des mâles. Et cela est
fort avantageux, aujourd'hui surtout que l'on ne
peut plus, à l'aide d'une chanterelle détruire
les coqs surabondants. Lorsqu'on a fait sur un
terroir plusieurs battues productives à l'arrière
saison, on peut être assuré que le gibier y sera
très-abondant à l'automne suivant. Quant aux
lièvres, il est clair que tous ceux qui dans une
battue sont conduits vers la ligne des chasseurs
pourraient être considérés comme morts, car
rien n'est si facile que de tuer un lièvre dans des
conditions semblables. Mais chacun sait que,

dans une battue, si l'on est autorisé à tuer
autant de perdrix qu'on le pourra, il n'en est
pas de même des lièvres, et qu'on se limite
d'habitude à deux, quelquefois à trois, mais
jamais plus : En cas pareil, à défaut d'un
règlement tracé d'avance par le maître de la
chasse, les lois de la plus vulgaire bienséance
sont un guide suffisant.

Ainsi, nous le répétons, plus de restrictions :
la chasse louée à long terme, et le chasseur
libre de chasser à son temps et à son heure,
sauf des règles spéciales pour la dernière année
de son bail, s'il ne le renouvelle pas.

La commune trouvera son intérêt dans le
prix de location de la chasse ; aussi lui
retrancherons-nous les dix francs qu'elle perce-
vait sur chaque permis. A l'Etat de délivrer à
son profit exclusif, des permis de chasse ou
plutôt des ports d'armes, et de les faire payer
cher, ce sera pour lui une source de revenus.
Il n'en délivrera pas seulement aux adjudicataires de chasse, mais à quiconque en demandera,
car on peut être invité par l'adjudicataire, et
dès lors, chasser au même titre que lui. Le

port d'armes ne sera refusé que dans les cas déterminés dès aujourd'hui par la loi actuellement en vigueur. Le prix à percevoir par l'État, peut sans exagération être porté à cent francs par an. Ce prix est celui qui est exigé en Angleterre, d'après une loi de Guillaume IV, en date du 5 octobre 1831. En Belgique, le port d'armes se paiera également cent francs dans un avenir très-prochain.

RÉSUMÉ

Résumons ce travail.

Nous avons dit l'intérêt qui s'attache à l'existence du gibier sur le sol français ; il se chiffre par millions : la question est donc importante, et mérite toute l'attention du législateur. Il faut, non-seulement empêcher le peu de gibier qui nous reste de disparaître, mais des raisons sérieuses nous engagent à en favoriser la multiplication.

Or, l'augmentation du gibier rencontre divers obstacles qu'il importe de vaincre, ou du moins de combattre énergiquement. De ces obstacles, les uns semblent échapper à tout remède ; c'est ainsi, et loin de nous cette pensée, que nous ne pouvons prétendre ramener la France au temps des diligences. Mais le chemin de fer, qui est aujourd'hui un auxiliaire précieux des voleurs de gibier en écoulant rapidement et au loin les produits de leurs rapines, cessera d'être redoutable si l'on adopte notre système de législation ; car le braconnage ne pourra plus s'exercer sur une grande échelle, puisque la méthode du plombage rendra presqu'impossible la vente du gibier volé. Aux effets destructeurs des fils télégraphiques, il est également un remède que l'on peut opposer c'est l'établissement de télégraphes souterrains : ce qui est déjà demandé dans un tout autre intérêt, dans le but d'échapper aux interruptions qu'amènent dans ce mode de correspondance les orages et les tempêtes. Le morcellement de la propriété cesse, dans notre système, d'être un inconvénient, puisqu'au contraire il permettra à la commune une location avantageuse de la chasse, et cessera d'offrir toute facilité aux braconniers. Quant aux cultures industrielles et aux prairies artificielles, qui entravent l'éclosion des couvées, le locataire de la chasse, sûr désormais de travailler pour lui-même, luttera contre leur influence pernicieuse en entreprenant l'élevage artificiel du gibier ; de même aussi, il s'occupera en temps utile de la destruction des animaux nuisibles, qu'aujourd'hui personne ne poursuit, parce que nul n'y a un intérêt personnel.

Aussi, ces diverses causes de la diminution du gibier ne nous effraient pas outre mesure : notre projet adopté, elles disparaîtront, ou du moins seront atténuées dans une large proportion. Tous nos efforts doivent donc tendre à paralyser l'industrie de ce grand nombre de braconniers qui dépeuplent notre sol, les uns se mettant en règle avec les exigences fiscales de la loi, les autres ne s'en préoccupant même pas. Il est très-facile de porter remède à cet état de choses, si notre système est admis. En effet, toute chasse sera louée et gardée ; le braconnier ne pourra plus, comme aujourd'hui, braver les agents de l'autorité, en restant, eux présents, sur des terres libres, pour se jeter dans les réserves après leur départ. Il ne pourra plus chasser au fusil, n'ayant plus à sa disposition un territoire banal, et le prix du port d'armes étant d'ailleurs trop élevé pour lui. Le gibier étant considéré désormais comme un produit du sol, et le braconnage amoindrissant la valeur locative au détriment de la commune, le paysan comprendra que le

braconnier lèse les intérêts du village et par
conséquent les siens propres ; il en viendra
donc à détester le braconnier comme il déteste
le voleur de récoltes, et aidera à entraver son
commerce. Les communes auront intérêt, en
effet, à avoir un terroir giboyeux, ce qui
leur permettra d'obtenir un prix de location
plus avantageux ; on ne verra plus le cultivateur
enlever ou écraser les œufs, favoriser le
braconnage, paralyser les recherches de la
police. (1) Ces résultats ne s'obtiendront pas
en un jour, assurément, « car le braconnage
est un de ces ulcères sociaux, invétérés, con-
tagieux et profonds, qui ne se guérissent pas
du jour au lendemain par simple ordonnance
de docteur, » mais on y arrivera peu à peu. (2)
Les fermiers trouveront enfin des avantages
personnels dans cette location des chasses :
Leurs récoltes seront garanties du maraudage
par la présence des gardes particuliers de
l'adjudicataire. D'un autre côté, si quelques

1) En Angleterre, la loi de Guillaume IV, section 21, punit d'une
amende assez forte par chaque œuf, celui qui, n'ayant pas le droit
de chasse sur une terre, prend ou enlève sur cette terre des œufs de
gibier.

2) La Vie à la campagne, tome 5, p. 213.

dégâts sont produits par les chasseurs, le fermier saura de suite à qui adresser ses réclamations, et il sera indemnisé par le locataire de la chasse, car celui-ci sera vis-à-vis d'eux responsable des faits et gestes de ses invités.

Des mesures sévères, prises pour empêcher la divagation des chiens, contribueront à assurer aux couvées la tranquillité nécessaire. De plus, le locataire d'une chasse, assuré par un long bail de sa possession paisible, garanti par le cantonnement contre les tracasseries de ses voisins, aura tout intérêt à augmenter son gibier, à le ménager, à le préserver des animaux nuisibles ; il cherchera à détruire les chats sauvages, les fouines, les pies. Aujourd'hui, nul ne voudrait s'en donner la peine, car ce serait en définitive travailler pour les braconniers, qui se multiplient en raison directe de l'abondance du gibier. Il n'est presque personne, en effet, parmi les amateurs qui réservent une chasse sous l'empire des lois actuelles, qui ne voie, au milieu de sa réserve, un certain nombre de petites pièces de terre qui lui échappent : Sur ces pièces de terre, les braconniers munis de permis de chasse s'établissent, sans que les gardes aient rien à leur dire, et ils tuent lièvres et perdreaux impunément ; ce gibier ainsi tué avait été évidemment élevé dans la réserve voisine, et on conviendra que cela n'est pas encourageant. Il en serait tout autrement avec notre système ; le locataire, assuré que son gibier est et restera sa propriété, qu'il ne lui sera pas volé, s'attachera à l'accroître, à le défendre contre les animaux nuisibles, et l'alimentation publique trouvera là des ressources qui augmenteront d'année en année.

Mais, pour que ces résultats soient obtenus, il faut absolument que le braconnage soit puni plus sévèrement que par le passé, et poursuivi d'office devant les tribunaux. Il est également indispensable d'atteindre les complices du braconnier : on sera puissamment aidé en cela par l'adoption du plombage du gibier. (1) Nul marchand ou restaurateur ne pourra plus avoir chez lui de gibier, sans encourir de condamnation, s'il ne peut justifier qu'il lui provient d'une source honnête, soit qu'il l'ait tiré de

(1) Il serait peut-être possible de faire du plombage une source de revenus pour l'État, en le soumettant à un léger impôt.

l'étranger, soit qu'il lui ait été vendu par un propriétaire de chasse. Le braconnage, empêché ainsi d'écouler facilement ses produits, et menacé de peines pécuniaires fort élevées, sera atteint au cœur et finira par disparaître : car, pour le braconnier, tout se réduit à une question de profits et pertes ; si son industrie cesse d'être lucrative, il y renoncera pour retourner au travail honnête et régulier. Ajoutons que la condamnation prononcée contre le complice ou receleur devra naturellement être aussi élevée que celle qui aura frappé l'auteur principal du délit.

L'Etat ne perdra rien à la diminution du nombre des chasseurs, fût-elle même de plus des deux tiers, puisque le prix du permis sera augmenté et porté à cent francs. Quant aux communes, leur part sera très-belle ; elles trouveront dans la location des chasses un revenu assuré, qui leur permettra d'équilibrer leur budget, sans recourir à de trop lourds centimes additionnels, et de réaliser chaque année d'importantes améliorations. Inutile, enfin, de faire remarquer tout ce que la morale publique doit gagner à la suppression, ou du moins à un amoindrissement sensible du braconnage.

C'est par l'emploi raisonné des diverses mesures énumérées au cours de cette étude, que l'on arrivera à faire produire au sol français assez de gibier, pour faire disparaître l'importation de gibier étranger, et par conséquent pour éviter chaque année une exportation considérable d'or et d'argent.

En quelques mots voici donc nos conclusions :

Le droit de chasse attribué aux communes, sauf quelques exceptions indiquées, sur toutes les terres du terroir.

Ce droit mis en adjudication publiquement, pour un long bail, de dix-huit années par exemple.

La faculté d'user du cantonnement.

Liberté entière laissée aux adjudicataires de régler comme ils l'entendront la jouissance de la chasse par eux louée, sous réserve de tous dommages-intérêts aux ayant droit, s'il y a lieu.

Le port-d'armes à cent francs.

Mais aussi, le braconnage assimilé au vol, soumis à des pénalités sévères ; les délits recherchés par les agents de la force publique, et poursuivis d'office par les parquets.

TABLE DES MATIÈRES.

Cambrai — Imp. de Simon. rue St-Martin. 18.